KB275787

It's

피클, 장아찌

자연이 주는 한 병의 선물

자연이 주는 한 병의 선물
It's(잇츠) 피클, 장아찌

지은이 l 김영빈
펴낸이 l 김성실
편집 l 김성은·김선미·이소영·박성훈·김진주·채은아
마케팅 l 곽흥규·김남숙
요리 어시스턴트 l 김은선
제작 l 한영문화사
펴낸곳 l 윈타임즈
출판등록 l 제313-2012-50호(2012. 2. 21)

1판 1쇄 l 2015년　6월 10일
1판 2쇄 l 2015년　11월 10일

주소 l 121-816 서울시 마포구 연희로 19-1, 5층(동교동 113-81)
전화 l 편집부 (02) 322-5463, 영업부 (02) 335-6121
팩스 l (02) 325-5607
e-mail l sidaebooks@hanmail.net

ISBN 979-11-85651-75-0 13590
책값은 뒤표지에 있습니다.

ⓒ 2015, 김영빈, Printed in Korea.

· 잘못된 책은 바꾸어 드립니다.
· 저자의 허락 없이 무단 전재나 복제를 금합니다.

이 도서의 국립중앙도서관 출판시도서목록(CIP)은 서지정보유통지원시스템 홈페이지(http://seoji.nl.go.kr)와
국가자료공동목록시스템(http://www.nl.go.kr/kolisnet)에서 이용하실 수 있습니다.(CIP제어번호: CIP2015014912)

It's

피클, 장아찌

자연이 주는 한 병의 선물

김영빈 지음

WINTIMES

계절이 바뀔 때마다 자연은 우리에게 커다란 선물 보따리를 풀어 놓고 마음껏 누리라 한다.

봄이 되면 내리쬐는 햇살도 불어오는 바람도 살갗에 닿는 느낌이 달라진다. 잔디도 나무도 연둣빛 새싹을 뾰족뾰족 들이밀기 시작하면 몸도 마음도 분주해진다. 이제 한 해의 살림 농사 준비를 해야 할 시기이다. 세상이 온통 녹색으로 물들고 나무마다 열매가 주렁주렁 풍성해지면 땅이 주는 선물을 받아 깨끗하게 다듬어 말리기도 하고 피클도 담그고 장아찌도 담가 일 년 내내 먹을 것들을 차곡차곡 저축이라도 하듯 저장한다.

장마가 시작되고 드물게 볕이 좋은 날엔 이때다 싶은 마음으로 햇양파와 햇마늘을 채반에 가득 펼쳐 널어 두고 텃밭 한 쪽에서 이제 막 크기 시작하는 채소들을 돌봐 준다. 6월은 늘 분주하다. 초순이 지나면서 매실이 출하되면 머릿속도 마음도 저장음

식 스케줄을 자연스럽게 구성하게 된다. 가을이 되기 전에 애호박이며 가지며 가장 많이 나오는 식재료들을 된장이나 고추장에 박아 두고두고 먹을 생각을 하면 부자가 된 기분이다.

일 년 중 가장 눈코 뜰 새 없는 가을엔 오곡백과가 무르익어 서로 자신을 다듬어 달라고 손짓 하니 살림하는 사람의 마음은 급하기도 하지만 신나기도 하다. 수들수들 말리고 바삭바삭 말리고 새콤하게 절이고 달달하게 절이고 짭잘하게 삭히고 매콤하게 삭혀도 쏟아지는 식재료에 찬장과 냉장고는 숨이 막힌다고 헐떡이지만 장바구니에 담아 가라고 애원하는 가을걷이들을 외면할 수 없는 행복한 때이다.

또 다른 한 해의 시작인 1월은 겨울의 한 가운데라 어느 때보다 춥고 할 일이 없는 것처럼 느껴지지만 생각보다 바쁘다. 말린 해초나 장아찌, 겨울에 담그는 보리막장과 고추장은 일 년 내내 가족들을 위한 밥상을 풍성하게 해 줄 밑거름이 된다.

C · O · N · T · E · N · T · S

자연이 주는 한 병의 선물_ 피클

자연이 주는 한 병의 선물_ 장아찌

계량 알아보기

저장음식에서 무엇보다 중요한 것은 계량으로 이 책에서는 계량컵과 계량스푼, 손대중으로 계량했다. 특별한 표기가 없는 경우 식초는 양조식초, 간장은 양조간장, 설탕은 백설탕, 굵은 소금은 천일염과 혼용 표기하였고 간수가 빠진 국산 천일염을 사용했다. 단맛과 신맛은 기호에 따라 설탕과 식초와 소금을 가감하면 된다.

계량스푼으로 보기

| 가루류 1컵 | 액체류 1컵 | 된장 1컵 | 된장 1컵 |

계량스푼으로 보기

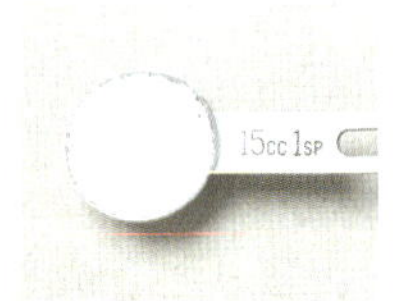 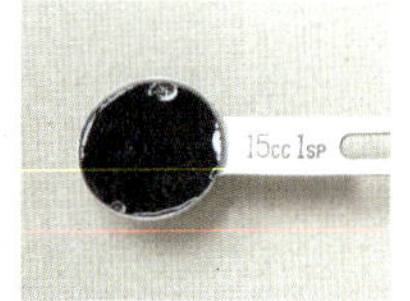  

| 가루류 1큰술 | 액체류 1큰술 | 된장 1큰술 | 고추장 1큰술 |

손대중으로 보기(과일류)

| 매실 1줌(160g) | 사과 1개(300g) | 단감 1개(200g) | 생대추 1줌(200g) |

손대중으로 보기(채소류)

  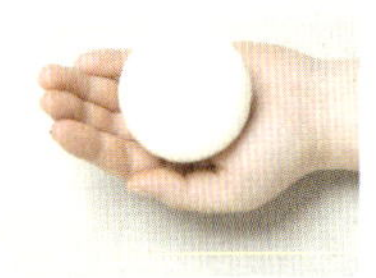 

| 토마토장아찌용 1개(100g) | 콜라비 1개 | 양파장아찌용 1개(100g) | 당근 1개(200g) |

브로콜리 1개

콜리플라워 1개

양배추 1/4(500g)

완두콩 1컵(130g)

마늘종 1줌(200g)

아스파라거스 1줌(200g)

두릅 1줌(100g)

가죽 1줌(100g)

고들빼기 1줌(120g)

곰취 1줌(150g)

냉이 1줌(50g)

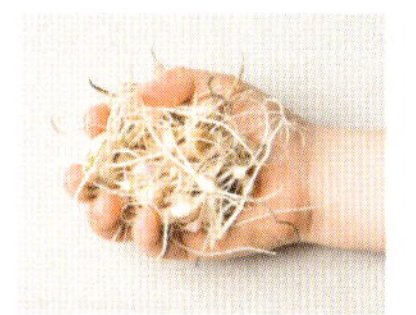

알달래 1줌(50g)

씀바귀 1줌(50g)

꽈리고추 1줌(55g)

서리고추 1줌(100g)

더덕 1줌(200g)

손대중으로 보기(해산물)

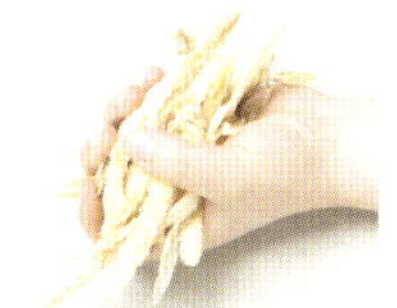

북어포 1줌(50g)

작은 전복 1개(50g)

대하 4마리(100g)

잔새우 1줌(100g)

꽃게 1마리(180~200g)

미역 1줌(150g)

톳 1줌(100g)

파래 1줌(130g)

유리 보관 용기

오랫동안 두고 먹을 저장음식을 보관하기 위해서는 용기의 선택이 중요하다. 음식의 양이 많다면 소독한 항아리에 보관해도 좋으나 소량의 저장식은 다양한 크기의 유리병이나 유리 밀폐 용기가 편리하다.

유리 용기의 종류

나사식 금속뚜껑 병
여닫기도 쉽고 밀폐성이 좋아 어떤 음식이든 보관이 가능하다. 뚜껑이 일체형인 것도 있고 밴드와 리드가 분리되어 탈기가 손쉬운 병도 있다.

압력식 혹은 용수철식클립뚜껑 병
고무나 실리콘 패킹이 부착되어 있고 금속으로 된 마개 고정장치를 덮거나 눌러서 병을 여닫는데 크기와 종류가 다양하다.

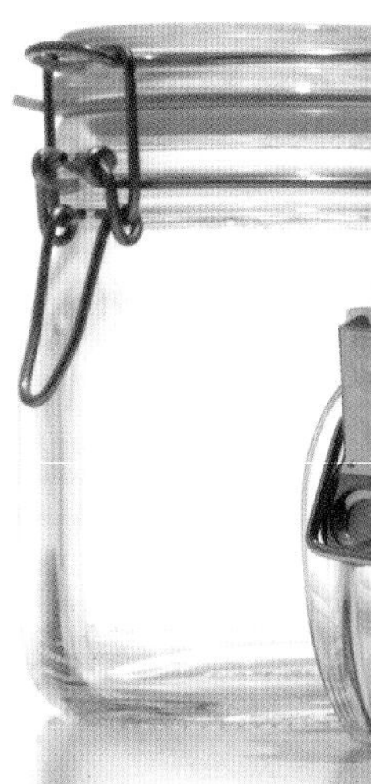

플라스틱뚜껑 병

여닫기는 쉽지만 탈기가 어렵고 밀폐가 되지 않아 발효나 숙성이 완료된 저장음식을
조금씩 덜어서 보관할 때 사용한다.

실리콘 처리가 된 플라스틱뚜껑 용기

실리콘으로 처리가 되어 있는 뚜껑은 일반 플라스틱뚜껑보다 밀폐가 잘 되기 때문에 발효식품을 저장할 때 항아리 대용으로 사용한다. 넓고 얕은 것보다는 깊고 좁은 용기가 공기를 차단하기 좋고 발효도 잘된다.

입구가 좁고 긴 병

시럽이나 청, 소스 등을 넣어서 보관하기에 편리하다. 뚜껑이 플라스틱이거나 금속제보다는 용수철 식클립뚜껑이나 코르크 마개가 여닫기에 좋다.

병의 소독

저장음식이 상하는 원인은 곰팡이와 세균에 있다. 용기를 소독하여 사용하면 세균과 곰팡이의 번식을 막을 수 있고 저장기간도 늘릴 수 있다.

1. 알코올 소독

열탕 소독이 불가능한 크기의 병, 입구가 좁고 긴 병은 알코올 도수가 높은 증류주로 소독한다. 술의 도수는 35도 이상이어야 살균 효과가 있다.

2. 자외선 소독

열탕 소독이 불가능한 병들은 깨끗이 세척한 뒤 햇볕에 반나절 정도 말려서 사용한다. 단 황사가 심하거나 그늘진 날은 효과가 없으므로 햇볕이 좋은 날에만 할 수 있다는 단점이 있다.

3. 열탕 소독

효과가 가장 좋은 소독법으로 장아찌나 피클, 잼이나 콩포트, 시럽 등 다양한 저장음식을 안전하게 담아 둘 수 있다. 큼직한 냄비에 병을 넣고 물을 천천히 부은 뒤 중불에서 팔팔 끓인 다음 꺼내 깨끗한 면포에 입구가 아래쪽을 향하도록 놓고 자연 건조시킨다. 뚜껑이나 패킹은 변형될 수 있으므로 20~30초 정도만 소독한다.

탈기

병 속의 공기를 빼내는 과정을 탈기라 한다. 탈기를 하면 병 속의 산소량을 최소화하여 호기성세균이나 곰팡이의 발육을 억제한다. 저장기간 동안 향기, 맛, 색 등의 변질을 막아 보관기간도 늘릴 수 있다. 병조림을 탈기·살균하는 온도와 시간은 열의 전도도, 내용물의 종류, 세균의 종류에 따라 달라진다.

1. 거꾸로 세워두기

잼, 시럽, 콩포트는 뜨거울 때 바로 병에 담아 뚜껑을 닫고 뒤집어 식힌 뒤 식으면 다시 세운다.

2. 병째 끓이기

용수철식클립뚜껑 병은 뚜껑을 열고, 일반 병은 뚜껑을 살짝 올리거나 살짝 닫아 냄비에 담는다. 병 높이의 70퍼센트 정도의 물을 붓고 센 불로 가열하고 끓어오르면 중약불로 줄여 30분 정도 가열한 뒤 뚜껑을 꽉 닫아 병을 뒤집어 식히고 다시 세워 둔다.

3. 식히기와 확인하기

탈기와 살균이 끝난 병 저장식은 뜨거울 때 뚜껑을 조인 후 내용물이 열에 의해 변질되는 것을 막기 위해 바로 서늘한 곳에서 식힌다. 냉각이 충분하지 못하면 내용물의 조직의 색이 연화되어 변질되거나 호기성세균이 번식될 수 있다. 뜨거운 병 저장식은 급냉하면 깨지므로 서늘하고 건조한 곳에서 식힌다. 병저장식을 만든 뒤 뚜껑의 가운데 부분을 눌렀을 때 잘 눌리지 않고 소리가 나지 않아야 한다. 소리가 나거나 눌리면 다시 탈기 과정을 거친다.

홈메이드 저장식 만들기

1. 병조림

유리병에 식품을 채워 밀봉하고 가열·살균한 것을 병조림이라고 한다. 병조림은 병 속의 내용물을 볼 수 있지만 직사광선이 통과하여 식품이 변색되거나 변질되기 쉬우므로 건냉하고 어두운 곳에 보관하는 것이 좋다. 병조림은 통조림과 보존 원리는 같지만 주석이나 금속 성분이 녹아 나오지 않아 위생적이다. 미국이나 유럽에서는 유아용 식품에는 병조림을 사용하도록 권장하고 있다.

❶햇 옥수수나 콩, 채소 등을 잘 씻어 병에 담을 때 모양과 크기, 숙성도, 색깔 등이 비슷해야 양념이 고르게 배고 열을 고르게 받아 보존성이 높아진다.

채소나 과일은 병조림을 하기 전에 뜨거운 물에 데치거나 팔팔 끓는 조미물을 부어 전처리를 해야 한다. 그래야 산화효소를 파괴하여 저장 중 식품의 변질을 방지할 수 있다. ❷소독한 병에 내용물을 담고 조미물을 부어 익힌 뒤 ❸물이 담긴 냄비에 넣고 팔팔 끓인 다음 뚜껑을 닫고 뒤집어 식힌 뒤 만드는데 내용물이 단단하면 압력솥에 넣고 고온고압으로 조리하기도 한다. 또 미리 가열 조리한 내용물을 뜨거울 때 소독한 병에 채우고 뚜껑을 살짝 닫은 다음 물속에서 가열하여 살균하기도 한다. 장조림이나 멸치볶음, 깻잎찜 등의 조림반찬도 같은 방법으로 만들어 저장기간을 늘릴 수 있다.

2. 산절임

산절임은 식품에 산을 첨가하여 pH4.0~4.5 상태로 만들어 저장성을 높이는 방법이다. 식품에 식초나 젖산 등을 첨가하고 공기를 차단하면 호기성세균과 곰팡이, 효모 등의 미생물 번식이 억제되어 부패를 방지한다.

산도가 높은 식초물에 설탕이나 소금, 향신 채소 등을 첨가하면 조미 효과뿐 아니라 미생물 발육을 저지하는 효과도 크다. ❶기호에 따라 건고추, 팔각, 월계수잎, 대파, 마늘, 생강, 허브 등을 넣기도 하고 여러 가지 향신 채소와 허브를 모아 둔 피클링 스파이스를 넣기도 한다.

산절임법에는 피클, 간장장아찌, 초절임, 김치 등이 있다. 김치는 염장과 산절임법의 혼용 방법으로 약한 산성에서 특정의 젖산과 효모가 발효하여 독특한 풍미를 이룬 식품이다.

초절임에 사용하는 식초는 천연 양조식초가 좋다. 양조식초의 '양조'는 술을 만든다는 의미로 식초를 만드는 과정과 술을 만드는 과정이 거의 동일하기 때문에 양조와 식초를 합쳐 양조식초라고 한다. 천연식초는 쌀이나 곡물, 과실 등에 효모를 가하거나 자연 발효시켜 액을 걸러 숙성하여 향미를 조숙(調熟)시킨 뒤 정제 → 여과 → 살균의 과정을 거쳐 식초로 만든다.

시판 식초 중에는 빙초산이나 양조용 주정, 감미료, 색소 등을 섞은 것이 많으므로 선별하여 사용한다. 과일식초는 과일 향이 들어 있어 독특한 풍미를 주지만 천연양조법으로 만든 것이 거의 없으므로 선별하여 사용한다.

채소의 풍미를 제대로 살리기 위해서는 무향의 양조식초나 현미식초를 사용하는 것이 좋고 식초에 매실청이나 유자청 등을 섞으면 독특한 풍미가 생겨서 좋다. 채소 자체에 향이 없다면 와인식초나 발사믹식초, 기타 과일식초를 사용하기도 한다. 식초가 발효식품이기 때문에 식초를 저장식품에 사용하면 다른 저장식품보다 단시간에 맛을 낼 수는 있지만 장아찌처럼 오래 두고 먹을 수는 없다.

일반적인 초절임저장식은 소금에 절이거나 ❷끓는 물에 데쳐 효소 작용을 억제한 채소를 소독한 병에 담고 ❸초절임물을 부어 만드는데 무나 오이같이 단단한 채소는 뜨거운 초절임물을

부으면 숙성 후 훨씬 아삭한 식감을 느낄 수 있다. 뜨거운 초절임물을 부었을 때는 초절임물이 완전히 식은 뒤 ❹뚜껑을 닫아야 채소가 익지 않는다. 열에 약한 채소나 탄수화물이 포함된 채소는 끓여서 식힌 초절임물을 부어야 채소가 설익는 것을 막을 수 있다.

3. 염장과 장절임

염장은 식재료에 소금을 첨가하여 저장성을 높인 식품 저장법이다. 고농도의 소금이 식품에 침투하면 식품이 탈수되어 호기성세균이 자라지 못하는 환경이 만들어지기 때문이다. 소금이 식품의 세포막에 침투해 삼투압 작용으로 식품에서 수분이 빠져나가 식품 변질의 원인이 되는 미생물이 자라지 않고 소금물 속에서 미생물이 원형질 분리를 일으켜 번식이 억제되기 때문에 저장성이 높아진다.

식품의 수분감이나 조리방법에 따라 마른 소금을 뿌리는 건염법 혹은 살염법(撒鹽法)이나 소금물에 담가 두는 침수법 혹은 염수법(鹽水法)으로 저장할 수 있다. 건염법 혹은 살염법은 식품 무게의 10~15퍼센트의 소금을 사용하고 염수법은 20~25퍼센트를 사용한다. 육류, 어패류, 채소류 등 다양한 종류를 저장할 때 사용할 수 있으며 자반생선, 어란, 젓갈류, 햄, 베이컨, 김치, 무짠지, 오이지 등이 대표적인 염장식품이다. 염장한 식재료는 말리거나 훈연하여 굴비나 햄, 베이컨 등의 독특한 풍미를 가진 식품을 만들기도 한다.

염장법에 사용되는 소금은 간수가 빠진 천일염이 좋다. 천일염은 정제염에 비해 무기질이나 미네랄이 풍부해 염장이 되는 과정에서 짠맛 이외에도 특유의 감칠맛을 줄 수 있다. 질 좋은 국산 천일염은 결정의 크기가 고르고 손으로 만졌을 때 수분감이 거의 없다.

된장이나 간장, 고추장에 식재료를 담가 저장하는 법은 장절임이라고 하는데 염장법의 한 종류로 볼 수 있다. 일반적으로 간장장아찌, 고추장박이, 된장박이 등이 이에 속한다. 장절임을 할 때는 ❶채소를 염장하거나 데치고 말리는 등의 전처리를 하여 수분을 제거하고 호기성세균의 침투를 억제하여 장아찌물을 붓거나 ❷장에 버무려 박아

두어 ❸숙성시킨다. 장절임에 사용하는 된장이나 고추장은 맛이 떨어진 집된장이나 고추장을 사용하면 채소의 수분과 향이 배어들어 맛있게 먹을 수 있다. 시판 된장이나 고추장을 사용하면 가격은 저렴하나 시판 장에 함유되어 있는 여러 가지 화학 조미 성분을 함께 섭취할 수 있다는 단점이 있다.

장절임용 간장은 자연숙성된 양조간장을 사용하는 것이 좋은데 국간장을 사용하면 색이 맑고 짠맛이 강하고 진간장을 사용하면 색이 진하고 짠맛이 덜하다. 반면 가격이 다소 저렴한 산 분해 간장은 콩을 화학적인 공법으로 염산과 가성소다를 활용해 가수분해하여 만든 간장으로 산 분해 간장에 설탕과 방부제, 캐러멜 등을 더하여 진간장을 만들기 때문에 장아찌를 만들었을 때 깊은 감칠맛보다는 인공적인 맛이 강하게 난다.

염장 혹은 장절임법은 독특한 풍미의 저장반찬을 만들 수 있는 좋은 방법이다. 하지만 소금의 과잉섭취가 건강에 좋지 않기 때문에 염도를 줄여서 냉장이나 냉동 보관한다. 또 데치기, 말리기, 당장 등의 전처리를 거친 후 식재료의 수분을 제거하여 소금이나 장의 사용량을 줄이거나 식초나 당을 첨가하여 염도를 낮추어 이용하는 경우가 많다.

4. 발효

발효는 식재료에 미생물이 각종 효소를 분비하여 유기화합물을 산화·환원 또는 분해·합성시키는 반응이다. 부패도 미생물이 유기물에 작용해서 일으키는 현상이라는 점에서는 발효와 같다. 다만 인간에게 유용한 물질이 만들어지면 발효라 하고 유해하거나 원하지 않는 물질이 생성되면 부패라고 한다.

저장기술이 발달하지 못했던 예전에는 음식을 발효시켜 저장성을 좋게 하였는데 발효되는 과정에서 음식의 맛과 향이 좋아지고 소화하기 쉬운 상태로 변하면서 독특한

풍미를 만들었기 때문에 미식의 한 방법으로도 애용되었다. 우리 주위에서는 주류, 식혜, 빵류, 식초, 콩 발효식품(간장, 된장, 고추장 등), 발효유제품(치즈, 버터, 요구르트 등), 소금절임류(김치, 젓갈 등)의 발효식품을 쉽게 볼 수 있다.

신선한 제품과는 또 다른 풍미와 기호도로 다른 나라의 발효음식들도 국가와 세대를 불문하고 소비가 점점 증가하고 있다. 발효는 범위가 광대하고 구분법이 모호하기 때문에 이 책에서는 염장과 산저장법, 당장법을 따로 분리하여 설명하였다.

발효를 도모하는 과정에서 과다한 소금이나 장, 당분 등이 사용되어 발효음식이 외면받기도 하지만 발효음식은 재료를 불에 익히거나 조리하지 않기 때문에 재료의 영양을 그대로 먹을 수 있는 생식의 일종이다. 그렇기 때문에 음식물 쓰레기나 화석연료의 피해가 없어 환경의 오염이 없는 진정한 에코 푸드이다. 또한 발효음식은 발효과정을 거치기 위해 재료를 썻고 절이는 전처리 과정과 발효하는 과정에서 재료에 잔류농약이나 중금속 등의 유해 성분들도 거의 사라지기 때문에 환경 재앙의 시대에 안심하고 먹을 수 있는 친환경 조리식이다.

한국음식에 들어가는 간장, 고추장, 된장 등은 모두 콩을 발효시켜 얻은 부산물로 독특한 풍미가 있고 밭에서 나는 쇠고기인 콩을 소화하기 쉬운 형태로 만들어 먹을 수 있기 때문에 건강식으로 주목받고 있다.

전통적인 장류는 잘 고른 가을 콩을 무를 정도로 푹 찐 다음 으깨어 네모반듯하게 모양을 잡아 메주를 만든 뒤 짚으로 엮어서 걸어 두면 짚에 붙어있던 발효균과 공기 중의 균이 콩의 단백질을 먹고 발효 작용을 일으켜 곰팡이가 생기는데 ❶이 메주를 깨끗한 물로 씻은 다음 ❷장독에 넣고 진하게 푼 소금물을 붓고 ❸숯과 붉은 고추, 대추를 띄워 2~3개월 양지 바른 곳에서 숙성시킨다. 메주에서 시커먼 물이 올라오면 베 보자기나 고운체에 밭쳐 물만 걸러내어 뭉근한 불에 달이면 간장을 얻을 수 있고 무른 메주를 으깨어 된장으로 만들어 사용할 수 있다(이 책에서는 장독 대신 도시 생활을 하는 사람들에게 현실적인 밀폐 용기를 사용했다).

간장의 경우는 묵을수록 맛이 좋아지는 반면 된장은 햇된장일수록 맛이 좋다. 묵은

된장의 풍미가 떨어지면 메줏가루나 삶은 메주콩을 넣고 다시 버무려 사용하면 된다.
고추장은 찹쌀가루, 고춧가루와 메줏가루, 엿기름가루, 천일염으로 만드는데 찹쌀가루를 익반죽해서 구멍떡을 삶아 꽈리가 일도록 저은 후 묽게 갠다. 묽은 엿기름물(조청), 메줏가루, 고춧가루를 묽게 갠 구멍떡 물에 섞어 갠 후 항아리에 담고 숙성시킨다. 경우에 따라서는 구멍떡을 엿기름물에 곱게 푼 뒤 메줏가루, 고춧가루, 소금을 넣고 섞기도 한다. 아파트 생활에서는 장을 숙성하는 동안 햇볕을 고르게 받는 것이 힘들고 많은 양을 만들어 보관하기가 쉽지 않아 메줏가루를 이용한 막장, 과일청이나 조청을 이용한 고추장 등을 만들어 먹는 가정도 늘고 있다. 이 책에서는 막장과 과일을 이용한 고추장을 만들었다.
식초는 과일이나 채소, 곡물에 소량의 당이나 효모 등을 가미해 발효시켜 알코올을 만든 뒤 초산 발효과정을 거쳐 만든다. 요새 열풍인 과실청이나 과일식초는 ❶과일을 으깨거나 주물러서 무르게 한 뒤 경우에 따라 당분을 넣고 ❷❸숙성발효시켜 만든다. 가정에서는 매실, 포도, 사과, 감식초 등을 손쉽게 만들 수 있는데 시판 식초에 비해 유기산이 다량 들어 있기 때문에 건강에도 좋고 산도가 부드럽고 향이 좋다. 우리가 부엌에서 주로 쓰는 주정과일식초는 주정을 초산 발효시켜 식초를 제조한 후 과실 원액을 넣은 합성식초로 직접 만든 과일식초와는 차이가 있다.

재료 캘린더

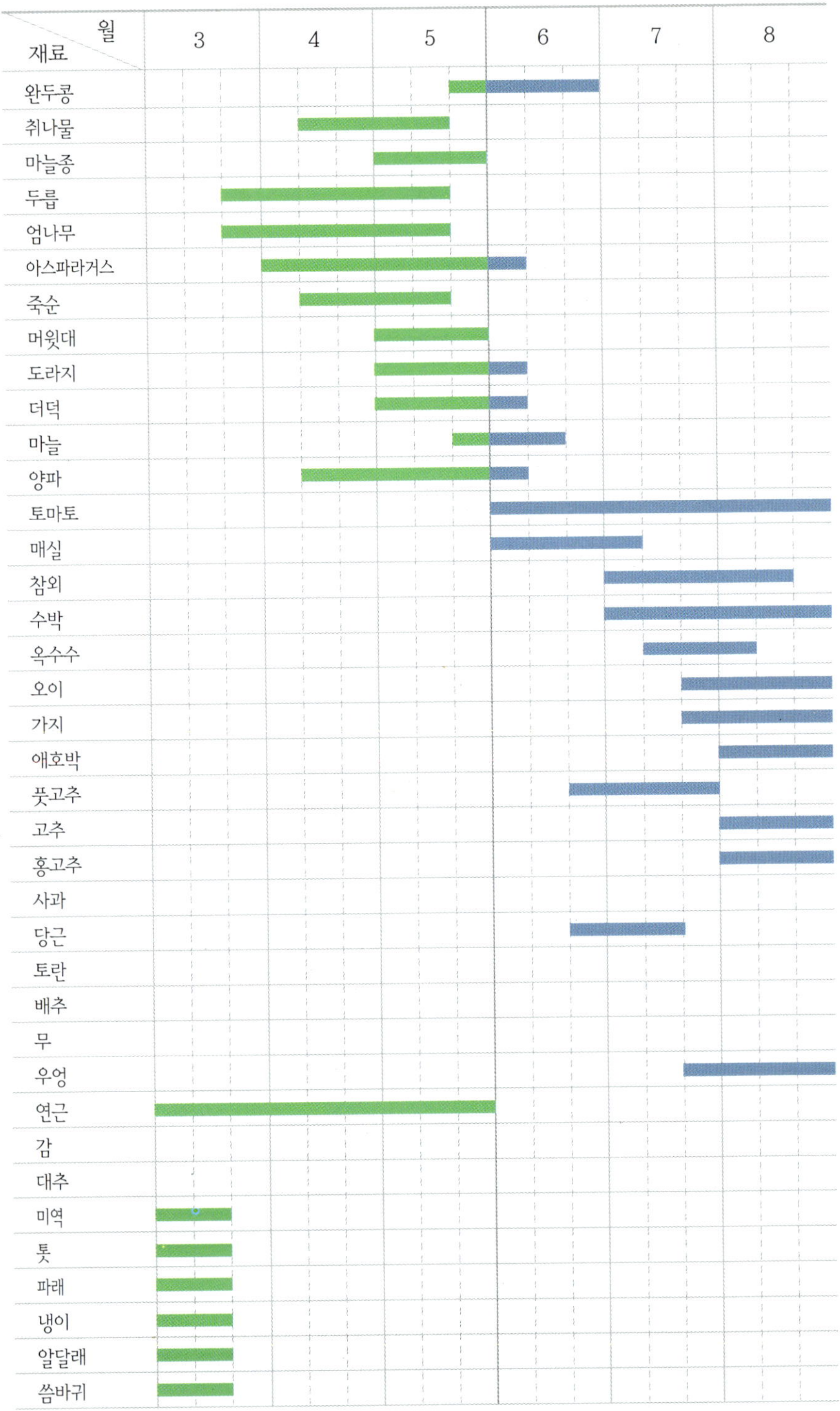

재료 \ 월	3	4	5	6	7	8
완두콩						
취나물						
마늘종						
두릅						
엄나무						
아스파라거스						
죽순						
머윗대						
도라지						
더덕						
마늘						
양파						
토마토						
매실						
참외						
수박						
옥수수						
오이						
가지						
애호박						
풋고추						
고추						
홍고추						
사과						
당근						
토란						
배추						
무						
우엉						
연근						
감						
대추						
미역						
톳						
파래						
냉이						
알달래						
씀바귀						

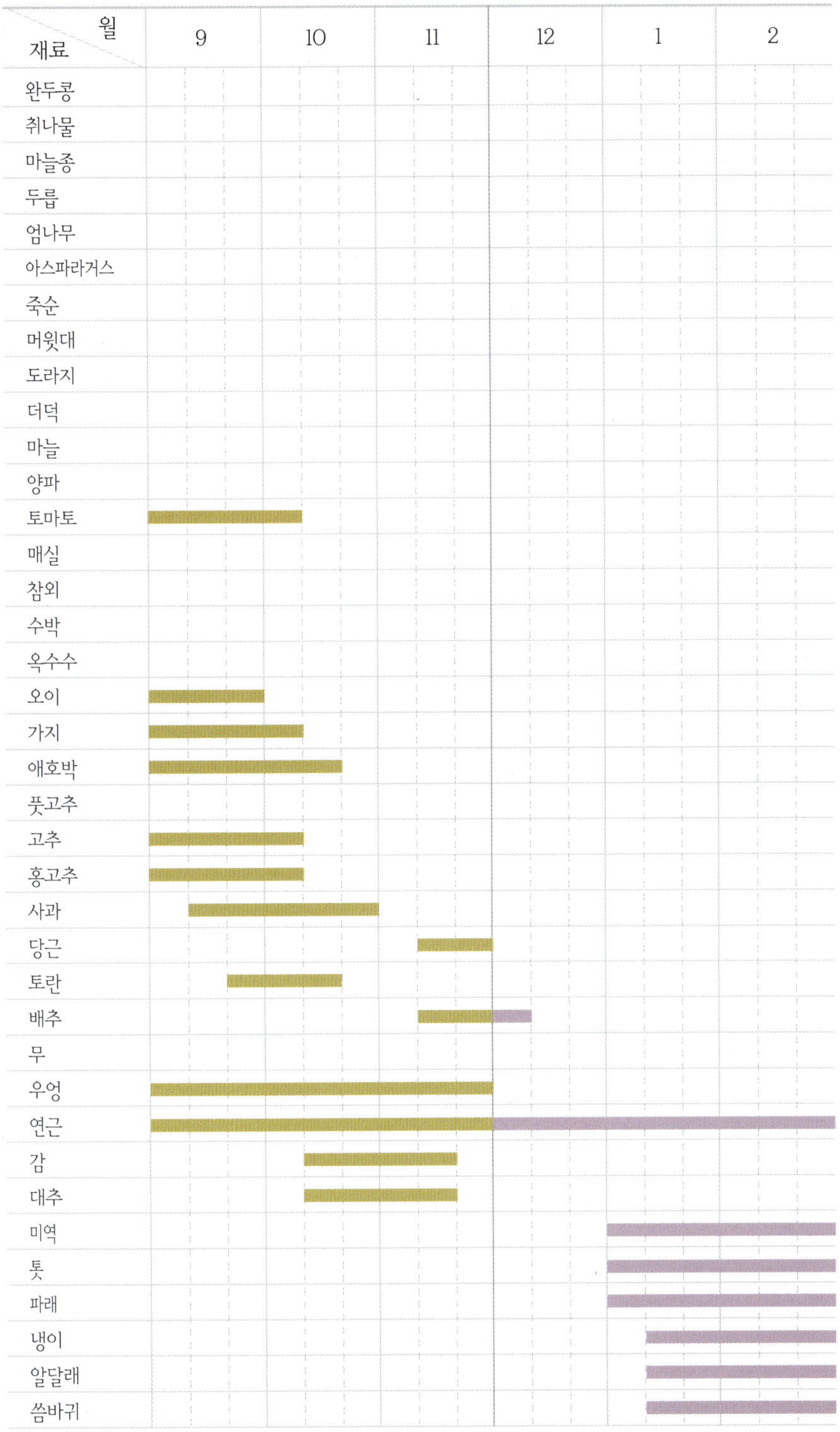

재료 \ 월	9	10	11	12	1	2
완두콩						
취나물						
마늘종						
두릅						
엄나무						
아스파라거스						
죽순						
머윗대						
도라지						
더덕						
마늘						
양파						
토마토	■	■				
매실						
참외						
수박						
옥수수						
오이	■	■				
가지	■	■				
애호박	■	■				
풋고추						
고추	■	■				
홍고추	■	■				
사과	■	■	■			
당근			■	■		
토란	■	■				
배추			■	■		
무						
우엉	■	■	■	■		
연근	■	■	■	■	■	■
감		■	■			
대추		■	■			
미역					■	■
톳					■	■
파래					■	■
냉이					■	■
알달래					■	■
씀바귀					■	■

도라지대추피클 셀러리당근피클 그린빈마늘피
클 아스파라거스양파피클 양배추피클 완두콩
병조림 매실청 매실절임 햇양파비트피클 깐마
늘오미자피클 꽈리고추피클 아삭이고추양파피
클 로즈마리향토마토피클 노각파프리카피클
수박껍질피클 참외카레피클 옥수수병조림 여
름풋콩병조림 오이피클 햇생강피클 삼색무피
클 고구마당근피클 우엉연근피클 양송이버섯
오일피클 사과약지 브로콜리&콜리플라워피클

자연이 주는 한 병의 선물

피클

도라지대추피클

꽤 한국적인 식재료인데 서양요리와도 잘 어울리는 도라지는 쓴맛을 제거한 뒤 피클을 담가야 맛이 있다. 방망이로 자근자근 두드리면 피클물이 잘 스며들고 맛도 더욱 좋다. 대추는 골 사이사이에 많은 먼지가 박혀있기 때문에 조리 시 뜨거운 물에 데치거나 흐르는 물에 솔로 문질러 씻어 말리면서 이물질과 잔류 농약들을 제거한다. 대추를 채 썬 후 달라붙지 않게 하려면 끈적한 부분에 설탕을 발라 썰면 된다.

재료 | 도라지 8~10뿌리(300g), 대추 5개, 굵은 소금 약간
피클물 | 물 1컵, 식초 1컵, 설탕 1컵, 굵은 소금 3큰술, 레몬 1/4쪽, 건고추 1개, 통후추 약간

만들기
1. 도라지는 껍질을 돌려 벗겨 어슷하고 도톰하게 썰어 굵은 소금에 바락바락 주물러 씻은 뒤 수분을 제거하고 방망이로 자근자근 두드려 어슷하게 저며 썬다.
2. 대추는 끓는 물에 살짝 데쳐 잘 씻어 물기를 제거한 뒤 굵게 채 썬다.
3. 냄비에 피클물 재료를 넣고 끓여 식힌 뒤 체에 거른다.
4. 소독한 병에 도라지와 대추를 고루 담고 피클물을 부어 숙성시킨다.
5. 일주일 뒤 물만 따라 내어 끓여 식혀 붓고 일주일 지나고 먹는다.

팁 tip_ 도라지를 소금에 바락바락 주물러 씻으면 쓴맛은 사라지고 도라지 특유의 향긋하고 싱그러운 향과 맛은 되살아난다. 도라지는 주로 호흡기 질환인 감기나 가래 제거에 좋고 사포닌 성분은 강장작용을 한다. 토혈이나 헛구역질을 할 때는 뿌리를 불에 약간 볶아 가루를 내어 찹쌀 뜨물에 타 마시면 좋다.

셀러리당근피클

텔레비전에서 마요네즈 광고를 보면 셀러리는 정말 맛있는 채소일 거라고 상상하게 된다. 하지만 실제로 셀러리를 먹으면 실망을 금할 수 없다. 셀러리는 질긴 섬유질을 벗겨야 간이 고르게 밴다. 셀러리와 당근을 함께 피클로 만들면 당근에서 단맛이 빠져나와 셀러리의 강한 향과 맛이 잘 느껴지지 않는다.

재료 | 셀러리 5대, 당근 1/2개

피클물 | 물 1컵, 식초 1컵, 설탕 2/3컵, 굵은 소금 3큰술, 월계수잎 1장, 레몬 1/2개, 통후추 약간

만들기
1. 셀러리는 잘 씻어 섬유질을 벗기고 5~6센티미터의 길이, 1.5센티미터 두께의 직사각형 모양으로 썬다.
2. 당근은 껍질을 벗기고 셀러리 크기로 썬다.
3. 셀러리와 당근을 병에 담는다.
4. 분량의 피클물을 팔팔 끓여 식혀 3에 붓는다.
5. 일주일 뒤 물만 따라 내어 다시 끓여 식혀 붓기를 2회 정도 반복하여 낸다.

팁tip_ 셀러리는 잎과 줄기를 모두 먹을 수 있고 향미를 주는 채소로 서양요리에서 빼놓을 수 없는 채소이다. 비타민B가 풍부해 반 대만 먹어도 하루 비타민B의 섭취량을 다 흡수할 수 있다. 섬유질이 풍부해 노폐물 배출에 좋고 특유의 향기 성분은 두통에 효과적이다. 당근은 시력보호와 면역력을 높이는 데 좋은 비타민A의 전구체인 베타카로틴이 풍부하게 들어 있어 영어 이름도 캐롯이다.

그린빈마늘·아스파라거스양파 피클

그린빈마늘피클

재료 | 그린빈 6줌(300g, 120개 정도), 깐마늘 10쪽, 소금 약간
피클물 | 물 1컵, 화이트와인비네거 1컵, 설탕 2큰술, 굵은 소금 2큰술
베트남 건고추 3개, 통후추 1/4작은술

만들기
1. 그린빈은 잘 씻어 끓는 물에 소금을 약간 넣고 데친 뒤 병에 담는다.
2. 마늘을 잘 씻어 꼭지를 잘라 내고 도톰하게 슬라이스 한 뒤 1의 병에 담는다.
3. 분량의 피클물을 팔팔 끓여 2의 병에 담는다.
4. 그대로 식혀 뚜껑을 덮고 2~3일 지나고 피클물만 따라 내어 다시 끓여 식혀 붓는다.

아스파라거스 양파피클

재료 | 굵은 아스파라거스 30대(1kg), 장아찌용 양파 2개, 굵은 소금 약간
피클물 | 물 2컵, 식초 2컵, 설탕 1½컵, 굵은 소금 5큰술, 월계수잎 1장
레몬 1/2개, 페퍼론치니 5개, 통후추 약간

만들기
1. 아스파라거스의 질긴 밑동을 잘라 내고 비늘을 벗겨 굵은 소금에 굴려 30분 정도 재운다.
2. 양파는 껍질을 벗기고 잘 씻어 한입 크기로 깍둑 썬다.
3. 1의 아스파라거스를 잘 씻어 물기를 제거하고 병에 담고 양파도 담는다.
4. 분량의 피클물을 팔팔 끓여 3에 담고 식으면 뚜껑을 닫는다.
5. 2~3일 지나고 물만 따라 내어 다시 끓이고 식혀 붓기를 2회 정도 반복한 다음 먹기 시작한다.

팁tip_ 그린빈은 콩깍지와 열매를 모두 먹는 껍질콩으로 콩깍지는 두껍고 부드러우며 달고 풍미가 있다. 소금으로 데치거나 버터나 올리브유에 볶으면 맛이 좋은데 과육과 껍질을 함께 먹어 콩의 영양과 식이섬유를 다량 흡수할 수 있다. 그린빈마늘피클을 만들 때 화이트와인비네거가 없다면 일반 식초를 사용해도 되고 기호에 따라 페퍼론치니나 베트남 건고추를 사용한다.
아스파라거스는 아스파라긴산을 다량 함유하고 있어 노폐물 배설, 간기능 촉진, 피로회복에 효과가 있다. 비타민C와 비타민E를 함유하고 섬유소가 풍부해 변비예방에도 좋다. 피클용 아스파라거스는 조금 굵은 것으로 골라야 오랫동안 아삭하게 먹을 수 있다. 그린 아스파라거스쪽로 피클을 만들면 질감과 색, 영양 면에서 더 뛰어나고 화이트 아스파라거스는 햇빛을 받으면 보라색으로 변하면서 쓴맛이 강해지기 때문에 랩으로 싸서 냉장보관 하되 오래 보관하지 않는 것이 좋다.

양배추피클

오래 전에 동글넓적하고 순하게 생긴 얼굴의 양배추인형이 선풍적인 인기를 끌었던 적이 있다. 서양 인형 중 얼굴이 제일 큰 인형 같은데 그래서인지 우리나라 사람들이 꽤 좋아했다. 양배추 피클을 만들 때 적양배추를 섞으면 피클물에 붉은색이 들어 색감이 예쁘지만 빨리 무르므로 많이 넣지 않는 것이 좋다.

재료 | 양배추 2통(1.2kg), 적양배추 1/4통(300g), 조리용 실 약간
피클물 | 물 2컵, 식초 2컵, 설탕 1½컵, 굵은 소금 1/2컵, 레몬 1/2개, 페퍼론치니 2개
피클링 스파이스 1큰술

만들기 1. 양배추와 적양배추 잎을 한 장씩 다듬어 씻어 사방 5센티미터 크기의 사각형으로 자른다.
2. 양배추를 5~6장씩 겹쳐 넣고 사이사이에 적양배추를 끼운 뒤 조리용 실로 고정한다.
3. 병에 2를 차곡차곡 담는다.
4. 피클물을 팔팔 끓여 4에 부어 완전히 식힌 뒤 뚜껑을 닫는다.
5. 일주일 정도 지나고 다시 물만 걸러 끓여 식혀 부은 뒤 먹기 시작한다.

팁tip_ 양배추의 질긴 심은 저미고 두께와 크기를 비슷하게 맞춘 뒤 실로 고정해야 익는 속도가 비슷하고 간이 고르게 밴다. 양배추는 비타민A와 비타민C가 풍부해 항암작용과 항산화작용이 활발하다. 또 혈액 응고작용을 하는 비타민K와 항궤양성분인 비타민U가 들어 있어 위염, 위궤양 환자들의 치료식으로 사용되기도 한다. 식물성 섬유질이 많아 변비와 비만 예방에도 효과적이다.

완두콩병조림

콩을 좋아하지 않는 사람도 부드러운 햇완두콩은 먹는 것 같다. 제철의 햇완두콩은 껍질을 까고 냉동실에 보관하거나 홈메이드 병조림으로도 만들면 일 년 내내 먹을 수 있지만 시판 제품같이 진한 초록색은 만들기 어렵다. 시판 완두콩 통조림은 변색 방지를 위해 색소나 첨가물을 넣기 때문에 오랜 시간 가열하여도 딱딱하고 풍미가 없다.

재료 | 완두콩 2컵(250g)

조미물 | 물 3컵, 굵은 소금 3큰술, 설탕 2작은술, 건고추 1개, 생강 슬라이스 2쪽

만들기
1. 완두콩을 잘 씻어 병에 차곡차곡 담는다.
2. 병에 분량의 조미물을 팔팔 끓여 1에 붓는다.
3. 뚜껑을 살며시 덮고 깊은 냄비에 넣는다.
4. 병이 2/3쯤 잠기도록 물을 부어 20~25분 정도 팔팔 끓인다.
5. 뚜껑을 꽉 닫고 병을 거꾸로 세워 식혀 보관한다.

팁tip_ 크기와 무르기가 비슷한 완두콩을 병에 차곡차곡 담아야 양념이 고르게 배고 열도 고르게 받아 보존성이 높아진다. 홈메이드 병조림은 재료나 살균 정도, 보관 방법에 따라 3~6개월가량 보관하는 것이 가장 적당하고 길게는 1년 정도 보관이 가능하다. 완두콩에는 레시틴이 풍부해 두뇌 활동에 도움을 주고 면역력을 높이며 항산화작용을 한다. 식이섬유도 풍부해 변비와 대장암 예방에 효과적이고 콜레스테롤 수치도 낮춰준다. 비타민A와 비타민C가 풍부해 토마토 만큼 풍부한 녹황색 채소로 감칠맛을 주는 글루탐산이 토마토의 6배나 된다.

매실청 & 매실절임

주부들은 매실이 나오는 때가 되면 유난히 분주해진다. 신선한 청매실이 노랗게 변하기 전에 얼른 저장음식을 만들어야 하기 때문에 매실을 주문한 날에는 아무런 스케줄도 잡지 않게 된다.

 매실 25컵(5kg), 설탕 25컵(5kg), 올리고당 2½~4컵(500~800g)

만들기
1. 매실은 잘 씻어 수분을 닦아내고 과도로 과육을 6쪽 낸다.
2. 1을 볼에 담고 설탕으로 버무려 병에 담는다.
3. 설탕이 녹기 시작하면 올리고당을 반 정도 부어 설탕을 완전히 녹인다.
4. 중간중간 올리고당을 부어 과육이 떠오르지 않게 한 뒤 백 일 정도 숙성시켜 체에 거르거나 그대로 두고 먹는다.

팁 tip_ 쪼그라든 과육은 매실절임, 액체는 청이 된다. 매실절임은 냉장고에 보관하면서 그냥 먹거나 된장이나 고추장에 버무려 반찬으로 먹을 수 있다. 청은 물에 타 먹거나 여러 요리에 사용하는데 평균기온이 상승하고 아파트 생활이 많은 요즘에는 동량보다 많은 양의 설탕을 넣어야 상하지 않는다. 매실청은 높은 기온에 배탈이 자주 나고 피로가 심한 여름철에 먹으면 좋다.

햇양파비트피클

속을 알 수 없고 반전 매력을 가진 사람한테 양파 같다고 하는데 벗기고 잘라봐야 알수 있는 양파는 생으로 먹을 때는 맵지만 열을 가하면 단내와 맛있는 향을 진동시켜 식욕을 돋우는 참 매력적인 식재료이다. 피클이나 장아찌로 만들면 아삭아삭 또 다른 매력을 발산한다. 피클이나 장아찌용 햇양파는 작고 단단하며 둥근 모양의 것을 골라야 오래 두고 먹을 수 있다. 양파 피클은 두 번째 피클물을 부은 뒤부터는 바로 먹을수 있다.

재료 | 피클용 햇양파 5개(600g), 비트 1/6개(60g)
피클물 | 물 1½컵, 식초 1½컵, 설탕 1컵, 굵은 소금 4큰술, 월계수잎 1장, 레몬 1/2개
페퍼론치니 2개, 통후추 약간

만들기 1. 양파는 겉껍질을 벗기고 밑동을 살려 분리되지 않게 결대로 6등분한다.
2. 비트는 잘 씻어 껍질을 벗기고 부채꼴 모양으로 썬다.
3. 양파와 비트를 병에 담는다.
4. 분량의 피클물을 팔팔 끓여 3에 부어 식혀 뚜껑을 닫는다.
5. 2~3일 숙성시킨 뒤 피클물만 따라 내어 끓여 식혀 붓는다.

팁tip_ 양파에 들어 있는 케르세틴과 알리신 성분은 혈관 내에서 혈전과 섬유소 용해 작용을 활발하게 하고 대장균, 살모넬라균, 결핵균, 폐렴균에 대한 항균력이 있어 식중독이나 감기, 고혈압이나 비만 예방에도 효과적이다.

깐마늘오미자피클

햇마늘은 햇빛을 받으면 초록색으로 변하는 녹변현상이 나타나는데 먹는 데는 이상이 없고 피클물에 오래 담가 두면 녹변현상이 없어진다. 피클을 만든 뒤 어두운 곳에서 보관하는 것도 좋은 방법이다. 묵은 마늘은 저온저장을 오래 하거나 싹이 나려고 심이 돋은 것은 피해야 녹변현상을 방지할 수 있다.

재료 | 깐 햇마늘 2컵(300g)

피클물 | 오미자 우린 물 2컵, 식초 2컵, 설탕 1½컵, 굵은 소금 2큰술, 레몬 슬라이스 1/4개분 오미자 3큰술

만들기
1. 깐마늘은 잘 씻어 꼭지를 자르고 수분을 제거하고 병에 담는다.
2. 오미자를 제외한 분량의 피클물을 팔팔 끓인 뒤 한김 식혀 오미자를 넣는다.
3. 2를 1의 병에 담고 일주일 정도 숙성한다.
4. 3을 국물만 따라 내어 다시 끓여 식혀 붓는다(이 과정을 2~3회 정도 반복한다).
5. 2개월 정도 숙성한 뒤 먹는다.

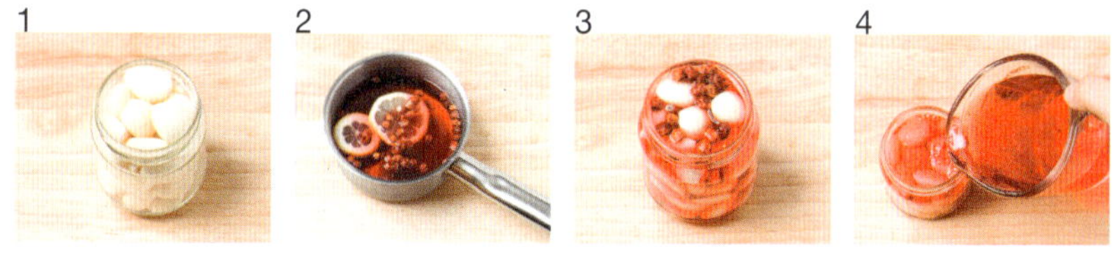

팁tip_ 마늘에는 강력한 살균작용을 하는 알리신이 풍부해 면역력을 키우고 식중독을 예방한다. 또 게르마늄이 풍부한데 게르마늄은 비타민B1과 결합 시 비타민B1을 무제한으로 흡수하고 체내에 저장하여 피로 회복 효과와 정력 증강에 좋다. 오미자 우린 물은 오미자 1/4컵을 물 3컵에 하룻밤 우려서 체에 걸러 만든다. 국산 오미자가 색이 잘 우러나고 붉은색이 곱다.

꽈리고추·아삭이고추양파 피클

꽈리고추피클

재료 | 꽈리고추 3줌(150g), 양파 1/2개

피클물 | 물 2컵, 식초 1½컵, 설탕 1컵, 굵은 소금 5큰술
베트남 건고추 3개, 피클링 스파이스 1큰술

만들기

1. 꽈리고추는 잘 씻어 수분을 제거하고 이쑤시개로 살짝 찔러 밀폐 용기에 담는다.
2. 양파는 굵직하게 채 썰어 1에 담는다.
3. 분량의 피클물을 팔팔 끓여 식혀 1에 부어 2주일 정도 숙성한다.
4. 피클물만 다시 따라 내어 끓여 식혀 부은 뒤 2주일 지나고 먹는다.

1.2

4

아삭이고추 양파피클 (할라피뇨)

재료 | 아삭이고추 25개 내외(500g), 양파 1/2개

피클물 | 물 2컵, 식초 2컵, 설탕 1½컵, 굵은 소금 3큰술
피클링 스파이스 1큰술

만들기

1. 아삭이고추는 잘 씻어 수분을 제거하고 7밀리미터 두께로 동그란 모양을 살려 썬다.
2. 양파는 아삭이고추 크기로 네모 모양으로 썰고 1과 함께 병에 담는다.
3. 분량의 피클물을 팔팔 끓여 2에 부어 완전히 식힌다.
4. 뚜껑을 덮어 3일 정도 숙성시킨 뒤 피클물만 다시 따라 내어 팔팔 끓여 식혀 다시 부은 뒤 냉장고에 넣어 두고 먹는다.

1

2

3

4

팁tip_ 꽈리고추는 과육이 무르기 때문에 피클물을 식혀서 부어야 한다. 숙성되면 특유의 쓴맛이 나므로 충분히 숙성한 뒤에 먹는 것이 좋다. 아삭이고추피클은 약간 매콤하면서 아삭하고 고추피클 특유의 쓴맛이 없어 주로 피자나 파스타에 곁들인다.

로즈마리향토마토피클

요리에 관한 내용은 아니지만 여성들의 우정과 사랑을 잔잔하게 그린 영화 중 〈프라이드 그린 토마토〉라는 영화가 있다. 요리 이름만 봐도 알 수 있듯이 덜 익은 토마토에 빵가루를 입혀 튀겨 먹는 미국 남부지방의 전통요리인데 풋토마토를 요리할 때마다 영화의 제목과 내용이 어렴풋이 떠오른다. 풋토마토는 마트의 청과 코너 담당자에게 부탁하면 쉽게 구할 수 있다. 토마토는 후숙하기 때문에 상자를 처음 개봉하면 거의 풋토마토이다.

재료 | 풋토마토 5~6개(작은 크기 600g), 생로즈마리 4~5줄기, 레몬 슬라이스 1/2개분
피클물 | 물 1½컵, 식초 1½컵, 설탕 1½컵, 굵은 소금 3큰술, 피클링 스파이스 1큰술

만들기
1. 토마토는 잘 씻어 꼭지를 따고 초승달 모양(웨지컷)으로 썬다.
2. 병에 토마토와 로즈마리, 레몬 슬라이스를 담는다.
3. 분량의 피클물을 팔팔 끓여 2에 부어 그대로 식힌다.
4. 뚜껑을 닫고 3일 정도 숙성한 뒤 피클물만 따라 내어 다시 끓여 식혀 붓는다.

팁tip_ 피클을 담글 토마토는 숙성이 되지 않은 초록색의 풋토마토를 사용해야 무르지 않고 숙성 후 아삭해진다. 피클물 끓이기를 2~3회 정도 반복하면 더 오래 두고 먹을 수 있다.

노각파프리카피클

늙은 오이를 노각이라고 하는데 노각은 수분 함량이 90퍼센트나 되므로 껍질과 씨를 제거하고 과육을 썰어 소금에 절였다가 사용해야 보관기간이 늘어난다. 손질한 노각은 무침, 김치, 장아찌 등을 만들 수 있고 여름에는 시원한 냉국을 만들기도 한다. 알이 굵고 곧으며 껍질이 두껍고 광택이 있는 것을 골라야 한다.

재료 | 노각 1개, 파프리카 노랑 · 주황 · 빨강 1/2개씩, 굵은 소금 약간
피클물 | 물 1½컵, 식초 1½컵, 설탕 1컵, 굵은 소금 1큰술, 피클링 스파이스 1작은술

만들기   1. 노각은 잘 씻어 반으로 갈라 껍질을 벗기고 씨를 긁어낸 뒤 부채꼴 모양으로 썰어 굵은 소금을 뿌려 30분 정도 절인 뒤 잘 씻어 물기를 제거한다.
     2. 파프리카는 잘 씻어 씨를 제거하고 노각 크기의 직사각형 모양으로 썬다.
     3. 분량의 피클물을 팔팔 끓여 식혀 2에 붓는다.
     4. 3일 정도 숙성한 뒤 물만 따라 내어 다시 끓여 식혀 부어 낸다.

팁tip_   피클물을 부었을 때 노각에서 물이 많이 나오기 때문에 노각이 덜 잠겨도 걱정할 필요가 없다. 노각피클은 다시 끓여 식혀 붓기를 2회 이상 해 주어야 쉽게 변하지 않는다. 노각은 오이보다 수분 함량이 높고 칼로리는 더욱 낮다. 파프리카는 색깔에 따라 비타민의 함량이 조금씩 다른데 붉은색에 가까울수록 비타민A의 전구체인 카로틴이 풍부하고 초록색에 가까울수록 비타민C가 많다.

수박껍질피클

여름이면 음식물 쓰레기 처리가 참 골치다. 특히 수박은 껍질로만 봉지 하나를 가득 채울 정도로 양이 많다. 다행히도 수박의 껍질은 오이와 비슷한 식감과 맛을 가지고 있어 여러 가지 저장음식을 만들 수 있다.

재료 | 수박껍질 1통 분량
피클물 | 물 2컵, 식초 1컵, 레드와인비네거 1/2컵, 설탕 1컵, 굵은 소금 3큰술
　　　　피클링 스파이스 2작은술

만들기　1. 수박껍질은 초록색 부분을 제거하고 3×5센티미터 크기로 도톰하게 썬다.
　　　　2. 레드와인비네거를 제외한 분량의 피클물을 팔팔 끓여 설탕과 소금을 녹인 뒤
　　　　　　불을 끄고 레드와인비네거를 넣는다.
　　　　3. 1에 2를 부어 3일 정도 숙성시킨 뒤 물만 따라 내어 다시 끓여 식혀 붓는다.
　　　　4. 먹기 좋은 크기로 잘라 먹는다.

팁tip_　제철의 수박은 껍질이 얇으므로 그냥 잘라서 바로 담그고 이른 여름의 수박은 수박껍질을 소금으로 살짝 절인 뒤 꼭 짜서 사용하는 것이 좋다. 레드와인비네거가 없다면 양조식초나 현미식초를 사용한다.

참외카레피클

수박과 참외는 여름 과채의 양대산맥이라 할 수 있다. 참외는 맛도 달고 수분이 많고 성질이 시원해 여름철 체열을 내리는 데 효과가 있다. 참외처럼 수분이 많으면서 단단한 채소는 뜨거운 물을 바로 부어 피클이나 장아찌를 담그면 조직이 아삭해진다. 무색의 참외에 카레 가루를 넣으면 색다른 피클이 되는데 카레 가루는 시판용을 사용하면 되고 인스턴트의 풍미가 싫다면 강황가루를 넣어도 된다.

재료 | 참외 4개(중간 크기), 양파 1/2개
피클물 | 물 2컵, 식초 1½컵, 설탕 3/4컵, 굵은 소금 1큰술, 카레 가루 2큰술
           레몬 슬라이스 1/2개분, 피클링 스파이스 1작은술

만들기
1. 참외는 잘 씻어 껍질을 벗기고 씨를 긁어내고 부채꼴 모양으로 깍둑 썬다.
2. 양파는 잘 씻어 도톰하게 채 썰어 참외와 섞어 밀폐 용기에 담는다.
3. 분량의 피클물을 팔팔 끓여 2에 부어 그대로 식힌다.
4. 이틀 뒤 피클물만 따라 내어 다시 끓여 식혀 부은 뒤 냉장고에 넣어 두고 먹는다.

팁tip_ 참외에는 피로 회복에 좋은 비타민C가 들어 있어 여름철 열대야로 잠 못 이루어 피곤할 때 먹으면 효능이 있다. 나트륨을 배출하는 칼륨 성분도 풍부해 부종에도 좋다. 참외가 덜 달다면 설탕을 추가해서 넣는 것도 좋지만 양파를 같이 넣으면 양파의 단맛과 향이 어우러져 맛이 더 좋다.

옥수수병조림 · 여름풋콩병조림

옥수수병조림

재료 | 옥수수알 3컵

조미물 | 물 2컵, 청주 3큰술, 설탕 5큰술, 굵은 소금 1큰술

만들기 1. 옥수수는 옥수수가 잠길 정도의 물을 부어 부드럽게 삶아 뜨거울 때 알만 떼어 낸다.

2. 분량의 조미물을 팔팔 끓여 설탕과 소금을 녹인 뒤 1의 옥수수알을 넣고 중불로 끓인다.

3. 옥수수에 간이 배면 소독된 병에 담고 뚜껑을 살짝 닫는다.

4. 뚜껑을 살며시 덮고 깊은 냄비에 넣고 병이 반쯤 잠길 정도의 물을 부어 팔팔 끓인다(20~30분 정도).

5. 뚜껑을 꽉 닫고 병을 거꾸로 세워 식힌 뒤 보관한다.

여름풋콩병조림

재료 | 여름풋콩알 3컵

조미물 | 물 2컵, 설탕 2작은술, 굵은 소금 3큰술, 월계수잎 1개 통후추 약간

만들기 1. 풋콩을 잘 씻어 병에 차곡차곡 담는다.

2. 병에 분량의 조미물을 팔팔 끓여 1에 붓는다.

3. 뚜껑을 살며시 덮고 깊은 냄비에 넣는다.

4. 병이 반쯤 잠길 정도의 물을 부어 팔팔 끓인다(15분 정도).

5. 뚜껑을 꽉 닫고 병을 거꾸로 세워 식힌 뒤 보관한다.

팁tip_ 제철의 옥수수는 말리거나 냉동 이외에도 병조림을 만들어 두면 피자나 파스타, 샐러드를 만들 때 바로 쓰기가 편하다. 풋콩은 껍질을 까서 알만 밥에 넣거나 조릴 수 있고 샐러드나 튀김을 만들기도 한다. 달콤하게 조려 주로 제과제빵용으로 사용한다. 말리거나 병조림으로 만들어 두면 일년 내내 사용이 가능하다. 꼬투리가 촉촉하고 벌레 먹은 것이 없으며 모양이 고른 것으로 고른다.

오이피클

재료 | 미니오이 15개(백오이일 경우 5개), 굵은 소금 1/2컵

피클물 | 물 4컵, 식초 3컵, 설탕 2컵, 굵은 소금 3큰술, 생강 1/4톨, 통계피 반쪽, 말린 홍고추 4개
　　　레몬 1개, 피클링 스파이스 1큰술

만들기
1. 오이는 껍질째 잘 씻어 굵은 소금에 문질러 30분 정도 절인 후 잘 씻어 수분을 제거한다.
2. 분량의 재료를 넣고 피클물을 팔팔 끓인다.
3. 오이를 밀폐 용기에 담고 뜨거운 피클물을 붓는다.
4. 3일 정도 숙성한 뒤 피클물만 따라 내어 다시 끓여 식혀 붓고 4~5일 정도 숙성 시킨 뒤 먹는다.

재료 | 씨가 굵지 않은 청오이 3개. 굵은 소금 2작은술

피클물 | 물 2컵, 식초 1컵, 설탕 1컵, 굵은 소금 1큰술, 베트남 고추 2개, 생강 편 2조각
　　　레몬 슬라이스 1/2개, 월계수잎 1장, 피클링 스파이스 1작은술

만들기
1. 청오이는 5밀리미터 두께로 둥글게 썰어 굵은 소금을 넣고 30분 정도 절여 씻지 않고 체에 밭쳐 유리 용기에 담는다.
2. 분량의 피클물을 센 불로 12~13분 정도 팔팔 끓여 한김 식힌다.
3. 1에 2를 부어 차게 식힌 뒤 냉장고에 넣고 하루 정도 숙성한 뒤 바로 먹는다.

팁 tip_ 오이로는 자른오이피클, 통오이피클 등 다양하게 피클을 만들 수 있다. 기호에 따라 매운 고추나 양파를 같이 넣고 만들어도 좋다.

햇생강피클

일식집에서 나오는 생강피클을 베니쇼우가라고 한다. 생강색이거나 식용색소를 이용해 붉게 물들이기도 한다. 햇생강이 나올 때 넉넉히 만들어 두면 생선 요리나 느끼한 요리를 상에 낼 때 깔끔하게 곁들일 수 있다.

재료 | 햇생강 1조각(손바닥 크기 300g)
피클물 | 식초 1컵, 설탕 1/2컵, 굵은 소금 1큰술, 레몬 슬라이스 1/2개, 월계수잎 1개

만들기
1. 햇생강은 새 수세미로 문질러 씻어 채칼로 얇게 썬다.
2. 1의 생강을 찬물에 10분 정도 담가 녹말기를 제거한다.
3. 2를 팔팔 끓는 물에 5분 정도 데쳐 재빨리 헹군 뒤 수분을 제거한다.
4. 분량의 피클물을 팔팔 끓여 식힌 다음 3에 부어 뚜껑을 덮어 냉장고에 넣어 두고 일주일 정도 숙성한 뒤 먹는다.

팁tip_ 생강을 끓는 물에 데쳐 녹말 성분을 제거해야 깔끔한 맛이 난다.

삼색무피클

피클무와 치킨무를 동격으로 생각하는 사람들이 많은데 달콤하고 단단한 가을 무로 만든 예쁜 색깔의 무피클은 빙초산과 사카린으로 초스피드 숙성시킨 치킨무와는 태생부터 다르다.

재료 | 백피클 무 1개(중간 크기), 레몬 1/2개
홍피클 무 1개(중간 크기), 중간 크기 비트 1개, 레몬 1/2개
노란피클 무 1개(중간 크기). 카레 가루 2큰술 혹은 치자 2개, 레몬 1/2개
피클물 | 물 2컵, 식초 1½컵, 설탕 1컵, 굵은 소금 3큰술, 피클링 스파이스 2작은술

만들기 1. 무는 잘 씻어 껍질을 벗기고 사방 2센티미터 두께, 5센티미터 길이의 직육면체 모양으로 썬다.
2. 레몬은 베이킹소다로 박박 문질러 씻은 뒤 부채꼴 모양으로 슬라이스 한다.
3. 홍피클은 비트를 잘 씻어 껍질을 벗겨 부채꼴 모양으로 썰고 황피클은 무를 카레 가루에 버무리거나 치자를 준비한다.
4. 분량의 피클물을 팔팔 끓인다.
5. 준비한 재료들을 각각 병에 담고 4의 뜨거운 피클물을 부어 그대로 식힌다.
6. 식으면 뚜껑을 닫고 냉장고에 넣어 두고 먹는다.

팁tip_ 피클물이 뜨거울 때 부어야 무의 아삭한 질감을 잘 살릴 수 있다.

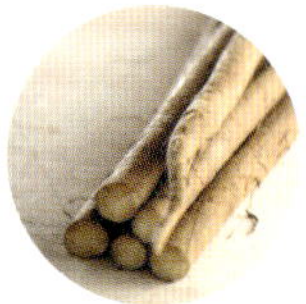

고구마당근·우엉연근 피클

고구마당근피클

재료 | 호박고구마 2개(300g), 당근 1개(200g), 양파 1/2개(100g)
청양고추 2개, 홍고추 1개
피클물 | 물 1컵, 식초 2컵, 설탕 1½컵, 굵은 소금 2큰술
레몬 슬라이스 4쪽, 피클링 스파이스 1작은술

만들기
1. 호박고구마와 당근은 껍질을 벗기고 2센티미터 두께, 5센티미터 길이의 직육면체 모양으로 자른다.
2. 호박고구마는 찬물에 20분 정도 담가 녹말 성분을 제거한다.
3. 양파는 굵게 채 썰고 청양고추와 홍고추는 1.5센티미터 길이로 썰어 씨를 털어낸다.
4. 모든 재료를 병에 고루 섞어 담고 팔팔 끓는 피클물을 부어 그대로 식힌다.
5. 완전히 식으면 뚜껑을 닫고 일주일 정도 숙성한 뒤 다시 피클물만 따라 부어 팔팔 끓여 식혀 부어 준다.

우엉연근피클

재료 | 우엉 1대(250g), 연근 2개(중간 크기 400g), 양파 1/2개(100g)
식초 약간
피클물 | 물 1컵, 식초 2컵, 설탕 1컵, 굵은 소금 3큰술, 유자청 5큰술
레몬 슬라이스 4쪽, 베트남 건고추 3개, 피클링 스파이스 1작은술

만들기
1. 우엉과 연근은 잘 씻어 껍질을 벗기고 동그란 모양을 살려 5밀리미터 두께로 썰어 찬물에 10분 정도 담가 둔다.
2. 팔팔 끓는 물에 식초를 약간 넣고 1의 우엉과 연근을 1~2분 정도 데쳐 재빨리 찬물에 담가 식힌다.
3. 양파는 굵게 채 썬다.
4. 우엉, 연근, 양파를 병에 고루 섞어 담고 팔팔 끓는 피클물을 부어 그대로 식힌다.
5. 완전히 식으면 뚜껑을 닫고 일주일 정도 숙성한 뒤 다시 피클물만 따라 부어 팔팔 끓여 식혀 부어 준다.

팁tip_ 고구마의 녹말 성분을 제거해야 깔끔한 피클을 만들 수 있다. 우엉이나 연근에는 녹말 성분이 있어서 그대로 피클을 담그면 단단해지고 피클물이 텁텁해지므로 찬물에 담가 녹말 성분을 제거하고 끓는 물에 데쳐야 깔끔한 피클을 만들 수 있다.

양송이버섯오일피클

버섯 피클은 장기 보관이 어려우므로 그때그때 만들어 먹는 것이 좋다. 버섯이 숙성되면서 시큼한 맛을 내는 물이 나와 쉽게 상하기 때문이다. 버섯을 잘라서 데치는 이유도 버섯의 갈변을 막고 효소의 작용으로 조직이 무르는 것을 막기 위해서이다. 양송이버섯의 육질이 단단해지는 가을에는 버섯으로 만드는 피클로 가을 식탁을 꾸며보는 것도 좋다.

재료 | 양송이버섯 30개
피클오일 | 엑스트라 버진 올리브유 4큰술, 레몬즙 5큰술, 발사믹 식초 2작은술
　　　　 통후추 1작은술, 레드페퍼 1/3작은술, 월계수잎 1장, 굵은 소금 1작은술

만들기　1. 양송이버섯은 2~4등분한 뒤 끓는 물에 30~40초 정도 데쳐 물기를 제거한다.
　　　　2. 1을 분량의 피클오일에 버무려 랩을 싸고 그대로 하룻밤 두었다가 먹는다.

팁 tip_　양송이버섯은 채소와 과일류의 무기질과 육류의 단백질을 고루 갖춘 종합영양세트로 버섯 중에 단백질 함량이 가장 뛰어나다. 칼로리는 낮고 섬유소와 수분이 풍부해 포만감을 주기 때문에 다이어트에도 좋을 뿐 아니라 트립신, 아밀라제, 프로테아제 등의 소화 효소가 들어 있어 음식물의 소화를 돕기도 한다.

브로콜리 & 콜리플라워 피클

슈퍼푸드로 알려진 브로콜리는 초겨울이 제철이다. 건강에 좋다고 알려지면서 일 년 내내 볼 수 있지만 제철인 겨울에 가장 달고 아삭하다. 브로콜리와 달리 겨울부터 봄까지 짧게 볼 수 있는 콜리플라워는 냉장고에 넣어 두면 금방 색이 변해 구입 후 빨리 먹는 게 좋다. 데쳐 먹거나 볶아 먹는 것 이외에 요리법이 다양하지 않아서 브로콜리와 콜리플라워를 섞어 피클을 만들어두면 훌륭한 밑반찬이 된다.

재료 | 브로콜리 1/2송이 · 콜리플라워 1/2송이(중간 크기 각 250g), 레몬 1/2개(50g), 소금 약간
피클물 | 물 2컵, 식초 1½컵, 설탕 1컵, 굵은 소금 2큰술, 베트남 건고추 3개
　　　　　피클링 스파이스 2작은술

만들기　1. 브로콜리와 콜리플라워는 먹기 좋게 송이를 자르고 레몬은 잘 씻어 얄팍하게 슬라이스 한다.
　　　　　2. 1을 끓는 물에 소금을 약간 넣고 재빨리 데쳐 찬물에 헹군다.
　　　　　3. 소독된 병에 브로콜리와 콜리플라워, 레몬 슬라이스를 담는다.
　　　　　4. 분량의 피클물을 팔팔 끓여 식혀 3에 부어 뚜껑을 닫고 3일 정도 후 물만 따라내어 다시 끓여 식혀 부어 바로 먹는다.

팁tip_ 서양에서 브로콜리를 즐겨 먹는 가장 큰 이유는 암에 강한 채소로 인식되어 암 예방에 효과적일 것으로 기대하기 때문이다. 브로콜리에는 베타카로틴, 비타민C, 비타민E, 루테인, 셀레늄, 식이섬유 등 항암 물질들이 다량 함유되어 있다. 브로콜리와 콜리플라워는 평지에서 자라는 채소로 항암 작용이 강한 유황화합물이 풍부하게 들어있다.

셀러리채소간장장아찌 마늘종무간장장아찌 머윗대간
장장아찌 죽순간장장아찌 풋마늘대간장장아찌 두릅간
장장아찌 엄나무순간장장아찌 두릅고추장박이 엄나무
순고추장박이 곰취간장장아찌 곰취된장박이 김간장장
아찌 가죽고추장박이 도라지고추장박이 더덕된장박이
더덕북어포마늘종벼락장아찌 마늘고추장박이 북어고
추장박이 주꾸미젓 오징어젓 황석어젓 멸치젓 오이지
오이방아향간장장아찌 토마토양파간장장아찌 통마늘
간장장아찌 깐마늘장아찌 초마늘고추장버무리 모둠고
추양파장아찌 꽈리고추간장장아찌 매실된장박이 매실
고추장박이우메보시 청양고추된장박이 생깻잎된장박
이 깻잎간장장아찌 부추양파간장장아찌 가지간장장아
찌 가지벼락장아찌 애호박된장박이 참외된장박이

장아찌

셀러리채소간장장아찌

장을 볼 때마다 느끼지만 가격이 비싸 엄두도 내지 못하던 식재료들이 제철이면 저렴한 가격으로 '나 좀 데려가 달라'고 자태를 뽐낸다. 모양도 맛도 훨씬 좋으니 어찌 제철 재료를 사랑하지 않을 수 있을까. 셀러리도 그 중 하나다. 제철 셀러리는 한 뿌리를 통째로 구입했다면 노랗게 상하기 전에 부지런히 장아찌나 피클을 만들어 두어야한다.

재료 | 셀러리 3대, 양파 2개, 아삭이고추 5개, 홍고추 2개
장아찌물 | 간장 1컵, 물 1컵, 식초 1컵, 설탕 3/4컵, 굵은 소금 1큰술

만들기
1. 셀러리는 잘 씻어 섬유질을 벗겨 어슷하고 도톰하게 썬다.
2. 양파는 껍질을 벗기고 잘 씻어 밑동이 잘라지지 않게 4~6등분한다.
3. 아삭이고추와 홍고추는 잘 씻어 2센티미터 정도의 길이로 썰어 씨를 털어낸다.
4. 1, 2, 3을 밀폐 용기에 섞어 담고 분량의 장아찌물을 팔팔 끓여 부어 식힌다.
5. 완전히 식으면 뚜껑을 닫고 일주일 뒤 물만 따라 내어 끓여 식혀 붓는다.

팁 tip_ 셀러리 장아찌는 여름철 자주 먹는 면이나 밀가루 요리에 아주 요긴한 밑반찬이다. 셀러리는 이뇨작용을 촉진하고 칼슘 함량이 높다. 식이섬유 함량 또한 풍부하여 배설을 돕는다. 셀러리의 잎에는 비타민B1과 B2가 풍부하다. 멜라토닌이 많이 들어있어 불면증 해소에 도움이 되는 채소로 살짝 데쳐 무쳐 먹어도 맛있다.

마늘종무간장장아찌

식재료의 성장 과정과 맛있는 철을 알면 어떤 요리든 자신 있게 만들 수 있다. 마늘종은 마늘이 크고 단단하게 자랄 수 있도록 솎아 낸 마늘의 꽃대로 마늘의 향과 영양이 그대로 남아 있지만 아린 맛은 마늘보다 덜해 늦봄 반찬 재료로 자주 활용된다.

재료 | 마늘종 2줌(500g, 1단), 제주 무 1개(1.4kg)
장아찌물 | 간장 1½컵, 물 1½컵, 식초 1½컵, 설탕 1컵, 굵은 소금 2큰술, 건고추 1개, 다시마 1쪽

만들기
1. 마늘종은 억센 부분을 제거하고 잘 씻어 4~5센티미터 길이로 썬다.
2. 제주 무는 잘 씻어 사방 1.5센티미터, 5센티미터 길이의 직육면체 모양으로 썬다.
3. 마늘종과 무를 밀폐 용기에 차곡차곡 담는다.
4. 분량의 장아찌물 재료를 팔팔 끓여 3에 부어 식힌 뒤 뚜껑을 닫는다.
5. 2~3일 정도 지나면 장아찌물을 다시 끓여 식혀 붓기를 2회 정도 반복한 뒤 먹기 시작한다.

팁tip | 마늘종이 나오는 5월께에 끝물 제주 무와 장아찌를 담그면 아삭한 맛과 매운맛이 적당히 어우러진 간장장아찌를 만들 수 있다. 장아찌물을 팔팔 끓여 뜨거운 상태로 부은 뒤 2~3회 반복할 때는 차갑게 식혀야 꼬들한 식감을 살릴 수 있다. 장아찌물을 반복해서 끓이면 저장성이 더욱 높아진다. 단단한 식재료는 일주일, 수분이 많은 식재료는 2~3일 간격으로 끓인다.

머윗대간장장아찌

이른 봄, 머윗잎을 솎아 먹고 두꺼운 대를 키우는데 이를 머윗대라 한다. 지방에 따라 머위를 머우라고도 한다. 머위는 봄부터 여름까지가 제철인데 3~4월에는 솜털이 보송보송한 잎을 채취해 나물로 먹고 5~6월이 되면 줄기와 머윗대만을 나물이나 장아찌용으로 사용한다.

재료 ┃ 머윗대 굵은 것 1단(1kg, 15~20대), 굵은 소금 약간
장아찌물 ┃ 간장 2컵, 물 2컵, 식초 2컵, 설탕 1½컵, 굵은 소금 2큰술, 건고추 2개, 생강 1쪽

만들기
1. 머윗대는 2~3등분하여 팔팔 끓는 물에 소금을 약간 넣고 3분 정도 데친다.
2. 1을 찬물에 씻어 헹군 뒤 섬유질을 벗겨 5센티미터 길이로 썬다.
3. 2를 찬물에 1시간 정도 담가 쓴맛을 우린 뒤 수분을 제거하여 밀폐 용기에 차곡차곡 담는다.
4. 분량의 장아찌물을 팔팔 끓여 식힌 뒤 3에 부은 뒤 뚜껑을 닫는다.
5. 2~3일 후 장아찌만 따라 부어 팔팔 끓여 식혀 붓기를 2~3회 반복한 뒤 한 달 정도 지나고 먹는다.

팁tip_ 데친 머위는 찬물에 담가 떫은맛을 우려내고 장아찌를 담가야 한다. 너무 오래 데치면 아삭한 맛이 없어지므로 센 불에 단시간 데치는 것이 좋고, 대가 굵은 머위는 굵은 소금으로 문질러 씻어 주면 색이 곱게 데쳐진다.

죽순·풋마늘대 간장장아찌

죽순간장장아찌

재료 | 죽순 3대, 쌀뜨물 약간
장아찌물 | 간장 1컵, 국간장 1/3컵, 물 1½컵, 식초 1컵, 매실청 1컵

만들기

1. 죽순은 껍질이 있는 것으로 구입해 겉껍질을 대충 벗긴다.
2. 1의 죽순을 잠길 정도의 쌀뜨물에 담고 1시간 정도 삶는다.
3. 2를 그대로 담가 하룻밤 정도 우린 뒤 물기를 제거하고 반으로 잘라 병에 담는다.
4. 매실청을 제외한 장아찌물을 한소끔 끓인 뒤 한김 식히고 매실청을 섞는다.
5. 죽순이 담긴 병에 4를 붓고 일주일 정도 숙성시킨다.
6. 장아찌물만 따라 내어 다시 끓여 식혀 붓기를 2~3회 반복하여 한 달 정도 숙성한 뒤 먹는다.

풋마늘대간장장아찌

재료 | 풋마늘대 1단(600g), 알마늘 10쪽
장아찌물 | 간장 1½컵, 물 1½컵, 식초 1½컵, 설탕 1컵, 굵은 소금 2큰술

만들기

1. 풋마늘은 잎 사이사이의 흙을 잘 털어 씻은 뒤 길이로 2~3등분하여 밀폐 용기에 담는다.
2. 마늘은 잘 씻어 꼭지를 따고 1의 밀폐 용기에 넣는다.
3. 분량의 장아찌물을 팔팔 끓여 완전히 식혀 2에 부어 무거운 것으로 눌러 떠오르지 않게 하여 일주일 정도 절인다.
4. 장아찌물만 따라 내어 팔팔 끓여 식혀 붓는다.
5. 4의 과정을 2~3회 정도 반복한 뒤 적당한 크기로 잘라 먹는다.

팁tip_ 죽순을 제대로 손질하지 않으면 숙성하는 동안 죽순에서 석회질이 생겨 뿌옇게 변할 수 있으므로 밑손질을 꼼꼼히 해 주어야 한다. 또 풋마늘대의 잎은 금방 무르기 때문에 단단한 부분을 중심으로 넣는 것이 좋다.

두릅·엄나무순 간장장아찌

두릅나무의 어린 순은 향기가 강하고 잔가지가 없으면서 통통할수록 좋다. 두릅 같은 녹색 채소를 데쳐서 장아찌를 담글 때는 장아찌물을 한김 식힌 뒤 부어야 한다. 한김 식힌다는 것은 팔팔 끓는 것을 연기가 나지 않을 정도로 식히는 것을 뜻한다. 뜨거운 장아찌물을 바로 부으면 장아찌가 되지 않고 채소가 익어서 물러 버린다.

두릅간장장아찌

재료 | 두릅 5줌(500g, 20~25대), 소금 약간
장아찌물 | 간장 1컵, 물 1컵, 식초 1컵, 설탕 3/4컵, 청주 1/2컵, 건고추 1개
마늘 슬라이스 3톨

만들기

1. 두릅은 질긴 대와 가시를 손질하고 밑동에 살짝 십자로 칼집을 넣어 팔팔 끓는 물에 소금을 약간 넣고 2~3분간 데친다.
2. 1을 찬물에 씻어 헹궈 물기를 빼고 병에 차곡차곡 담는다.
3. 분량의 장아찌물을 우르르 끓여 한김 식혀 2에 부어 일주일 정도 숙성한다.
4. 장아찌물만 따라 내어 다시 끓여 식혀 붓기를 2~3회 반복한 뒤 먹는다.

엄나무순간장장아찌

재료 | 엄나무순 6줌(500g, 30대), 소금 약간
장아찌물 | 간장 1컵, 물 1컵, 식초 1컵, 설탕 3/4컵, 청주 1/2컵, 건고추 1개
마늘 슬라이스 3톨

만들기

1. 엄나무순은 질긴 대와 가시를 손질하고 팔팔 끓는 물에 소금을 약간 넣고 3분 정도 데친다.
2. 1을 찬물에 씻어 헹궈 물기를 빼고 병에 차곡차곡 담는다.
3. 분량의 장아찌물을 우르르 끓여 한김 식혀 2에 부어 일주일 정도 숙성한다.
4. 장아찌물만 따라 내어 다시 끓여 식혀 붓기를 2~3회 반복하여 낸 뒤 먹기 시작한다.

두릅·엄나무순 고추장박이

누구나 장아찌의 숙성 기간이나 보관 기간이 궁금할 것이다. 잘 담근 장아찌는 다 먹을 때까지가 유효기간이고 아주 특별한 경우를 제외하고는 오래 숙성할수록 맛있다. 숙성 기간에 따라 다른 맛이 나는 것이 장아찌의 매력이기도 하다.

두릅고추장박이

재료 | 두릅 5줌(500g, 20~25대), 소금 약간, 고추장 3컵, 조청 1/2컵
소금물 | 물 3컵, 굵은 소금 3큰술

만들기
1. 두릅은 질긴 대와 가시를 손질한 뒤 잘 씻어 분량의 소금물에 반나절 정도 절인다.
2. 1의 두릅을 깨끗이 씻어 건져 물기를 뺀다.
3. 고추장과 조청을 고루 섞어 2에 버무린 뒤 밀폐 용기에 담는다.
4. 겉물이 생기면 고추장을 갈아주며 1~2개월 숙성시킨 뒤 먹는다.

엄나무순고추장박이

재료 | 엄나무순 6줌(500g, 30대), 고추장 3컵, 조청 1/2컵
소금물 | 물 5컵, 굵은 소금 1/2컵

만들기
1. 엄나무순은 가시와 억센 줄기를 다듬어 씻어 분량의 소금물에 2~3시간 절인다.
2. 1의 엄나무순을 깨끗이 씻어 건져 물기를 뺀다.
3. 고추장과 조청을 고루 섞어 2에 버무린 뒤 밀폐 용기에 담는다.
4. 겉물이 생기면 고추장을 갈아주며 1~2개월 숙성시킨 뒤 먹는다.

팁 tip_ 두릅과 엄나무순이 절여지면서 생긴 묽은 고추장은 조려 두었다가 조림이나 무침을 할 때 사용하면 좋다. 두릅과 엄나무순을 따로 담가도 맛있지만 섞어서 담가도 좋다.

곰취간장장아찌

해마다 곰취를 된장에만 박아 먹다가 어느 해엔 간장으로 장아찌를 담가 보았더니 맛이 참 좋았다. 장아찌를 다 먹고 남은 간장은 곰취향이 돌아서 송송 썬 고추나 쪽파를 넣고 비빔장으로 사용해도 좋다.

재료 | 곰취 2줌(300g), 소금 약간
장아찌물 | 간장 1½컵, 다시마물 1컵, 식초 1½컵, 설탕 1컵, 건고추 1개, 레몬 슬라이스 1/2개분
생강 슬라이스 1/4개분

만들기 1. 곰취는 잘 씻어 줄기를 3센티미터 정도의 길이로 자른다.
2. 팔팔 끓는 물에 소금을 약간 넣고 1의 곰취를 재빨리 데쳐 찬물에 식혀 물기를 제거한다.
3. 2를 밀폐 용기에 차곡차곡 담는다.
4. 분량의 장아찌물을 팔팔 끓여 한김 식힌 뒤 3에 붓고 그대로 식힌다.
5. 뚜껑을 닫고 일주일 정도 숙성한 뒤 장아찌물만 따라 내어 다시 끓여 식혀 부어 준 뒤 바로 먹는다.

팁tip_ 곰취는 생으로도 먹을 수 있는 산나물로 4월 말~5월 중순 이전에 먹는 게 좋다. 5월 중순 이후엔 질겨지고 쓴맛도 강해진다. 곰취간장장아찌는 고기를 먹을 때 쌈을 싸 먹거나 주먹밥을 만들어 쌈밥으로 먹을 수 있다.

곰취된장박이

곰취는 취나물의 일종으로 곰발바닥을 닮았다고 해서 곰취라고도 하고 곰이 좋아한다고 해서 곰취라고도 한다. 생채소를 된장에 박을 때는 조청이나 소금을 충분히 올려 덮어 주어야 상하지 않고 조청 대신 올리고당이나 물엿을 대신할 수 있지만 조청을 사용했을 때 가장 풍미가 좋다.

 곰취 2줌(300g), 된장 3컵, 조청 1컵

만들기
1. 곰취는 한 장씩 잘 씻어 줄기는 3센티미터 정도의 길이로 자르고 물기를 제거한다.
2. 밀폐 용기에 곰취를 2~3장씩 겹쳐 넣고 된장을 켜켜이 바른다.
3. 남은 된장으로 곰취를 덮고 조청을 부어 한 달 정도 숙성시킨다.

팁 tip_ 맛과 향기가 뛰어난 곰취는 칼슘, 철분, 비타민A 등 다양한 영양분이 함유되어 있고, 감기, 두통, 진통, 해독, 항암 등에 효과가 있다.

김간장장아찌

김간장장아찌를 처음 만들었을 때는 흐물흐물 풀어지고 한 덩어리로 뭉치고 난리도 아니었다. 여러 번 실험에 실험을 하며 완성한 김장아찌는 아이들도 잘 먹는 맛있는 효자장아찌이다. 장아찌용 김은 조직이 조밀한 재래김이나 김밥용 김이 적합하다.

재료 | 재래김 30장, 대추 3~4개, 생강 1/2톨, 통깨 약간
장아찌물 | 간장 1컵, 조청 3/4컵, 청주 1/2컵, 고추장 1큰술

만들기   1. 김은 길게 등분한 뒤 4~5등분으로 자른다.
2. 대추와 생강은 곱게 채 썬다.
3. 냄비에 간장과 조청, 청주, 고추장을 넣고 부드럽게 주르르 떨어질 때까지 장아찌물을 끓여 식힌다.
4. 김을 3~4장씩 겹쳐 놓고 장아찌물을 바르고 채 썬 재료와 통깨를 올리는 과정을 반복한다.

팁tip_ 김장아찌는 김이 장아찌물을 흡수하면 바로 먹을 수 있고, 김 사이사이에 고명을 올리면 김을 쉽게 떼어 낼 수 있다. 김을 1회분 먹을 만큼씩 조리용 실로 묶어서 만들기도 한다.

가죽고추장박이

가죽은 참죽나무의 여린 순으로 그냥 데쳐서 먹는 것보다 살짝 말려서 장아찌를 담그거나 불려서 나물로 무쳐 먹는 것이 좋다. 가죽은 숙성될수록 묘한 향이 돌아 식욕을 돋운다. 단맛이 싫다면 고추장만 넣고 만들어도 좋다.

 | 가죽 5줌(500g), 고추장 3컵, 매실청 1/2컵
 | 물 5컵, 굵은 소금 3큰술

  1. 가죽은 시든 잎과 가시를 제거하고 잘 씻어 분량의 소금물에 담가 1~2시간 절인다.
2. 절인 가죽을 잘 씻어 채반에 올려 물기를 없애고 수들수들하게 말린다.
3. 고추장과 매실청을 2에 고루 버무린 뒤 밀폐 용기에 넣는다.
4. 겉물이 생기면 고추장을 갈아주며 1~2개월 숙성시킨 뒤 먹는다.

 가죽을 고추장에 박아 두면 향도 좋고 매콤짭잘한 맛이 밥반찬으로 아주 좋다. 가죽을 소금에 절인 뒤 물기를 없애고 말려서 장에 박아야 가죽잎이 떨어지거나 겉물이 지나치게 생겨 상하는 것을 방지할 수 있다.

도라지 고추장박이·더덕된장박이

도라지고추장박이는 매콤달콤한 맛이 도라지 생채와는 또 다른 식욕을 자극하는 게 색다르다. 더덕은 소금물에 절이면 수분을 제거하고 쓴맛을 우려낼 수가 있다. 꾸덕꾸덕 말려야 겉물이 많이 생기지 않는다. 된장으로 덮고 조청을 부으면 장의 짠맛을 감소시킬 수 있고 더덕에서 수분이 생겨 겉물이 돌아 부패되는 것도 막을 수 있다.

도라지고추장박이

재료 | 도라지 10~13대(300g), 올리고당(물엿) 3컵, 고추장 2~3컵
굵은 소금 약간

만들기　1. 도라지는 껍질을 벗기고 방망이로 살살 두드려 올리고당에 담가 한 달 정도 절인다.

2. 1의 도라지를 체에 밭쳐 당분을 다 뺀다.

3. 2의 도라지에 고추장을 버무려 밀폐 용기에 담고 한 달 정도 숙성시킨다.

더덕된장박이

재료 | 더덕 13~15대(500g), 된장 3컵, 조청 1컵
소금물 | 물 3컵, 굵은 소금 5큰술

만들기　1. 더덕은 껍질을 벗기고 방망이로 자근자근 두드려 더덕이 잠길 정도의 물에 소금을 풀어 하룻밤 절인다.

2. 1을 깨끗이 씻어 수분이 없도록 채반에 널어 말린다.

3. 2의 더덕을 된장에 버무려 밀폐 용기에 눌러 담는다.

4. 3에 조청을 부어 뚜껑을 덮고 2~3개월 숙성시킨다.

팁tip_　도라지를 당장해서 만든 장아찌로 물엿이나 올리고당에 담가 두면 쓴맛과 수분이 빠져 맛있게 먹을 수 있다. 먹을 때는 잘게 자르거나 채 썰어 갖은 양념에 버무린다. 더덕은 밑손질을 잘해야 겉물이 잘 생기지 않는데 된장에 겉물이 돌면 걷어내고 된장과 조청을 갈아주며 숙성시킨다.

더덕북어포마늘종 · 마늘고추장박이

더덕북어포마늘종벼락장아찌

재료 | 더덕 5대(200g), 북어포 1줌(50g), 마늘종 1/2줌(150g)
소금 · 흑임자 약간씩
고추장양념 | 고추장 1컵, 간장 1큰술, 고춧가루 1큰술, 유자청 2큰술
조청 2큰술, 생강즙 1작은술

만들기
1. 더덕은 껍질을 돌려 깎아 방망이로 자근자근 두드려 손으로 잘게 찢는다.
2. 북어포는 스프레이로 물을 살짝 뿌려 손으로 잘게 찢는다.
3. 마늘종은 줄기 끝의 억센 부분을 제거하고 잘 씻어 4~5센티미터 길이로 자른 뒤 소금물에 살짝 데쳐 식힌다.
4. 볼에 분량의 고추장양념을 넣고 더덕과 마늘종부터 버무린 뒤에 북어포를 고루 버무려 밀폐 용기에 넣고 2~3일 숙성시킨 뒤 먹는다.

마늘종&마늘고추장박이

재료 | 마늘종 2줌(500g, 1단), 깐마늘 1컵, 조청 1/2컵, 고추장 3컵
소금물 | 물 5컵, 굵은 소금 2/3컵

만들기
1. 마늘종은 억센 부분을 떼어 낸 뒤 4~5센티미터 길이로 자르고 마늘은 잘 씻어 꼭지를 떼어 낸다.
2. 마늘종과 마늘이 잠길 정도의 물에 소금을 풀어 하룻밤 절인 후 잘 씻어 수분을 제거한다.
3. 조청과 고추장을 고루 버무려 섞는다.
4. 마늘종을 3에 버무려 밀폐 용기에 눌러 담는다.
5. 고추장 위로 겉물이 생기면 고추장을 갈아가며 한 달 정도 지나고 먹는다.

팁tip_ 벼락장아찌는 염도가 높지 않으므로 적은 양을 만드는 것이 좋고 유자청 대신 매실청을 넣어도 된다. 고추장박이는 채소가 고추장을 흡수하며 겉물을 뱉어 내면 고추장이 묽어지고 색도 주황색이 된다. 이때는 채소에서 고추장을 긁어낸 뒤 새 고추장으로 갈아주는데 채소의 밑손질을 꼼꼼히 하면 겉물이 덜 돌고 채소나 고추장의 염도에 따라 겉물이 생기는 양이나 횟수가 달라진다.

북어고추장박이

겨우내 얼었다 녹았다를 반복하며 얼말린 북어는 봄철에 구입한 것이 가장 맛이 좋고 살이 보푸라기처럼 잘 일어나는 더덕북어를 최상품으로 친다. 고추장장아찌는 맛과 향이 살아있는 통북어로 만들어야 가장 좋지만 손질하기가 쉽지 않으므로 간편한 편북어로 만든다.

재료 | 편북어 3마리, 고추장 2컵
절임장 | 간장 1컵, 물 3컵, 식초 6큰술, 설탕 1/2컵, 조청 1/2컵, 청주 1/2컵, 건고추 1개
　　　　생강 1/2쪽

만들기　1. 북어는 흐르는 물에 재빨리 씻어 가시와 지느러미를 제거하고 4~5센티미터 길이로 잘라 둔다.
　　　　2. 분량의 절임장 재료를 팔팔 끓여 식혀 체에 거른다.
　　　　3. 1의 북어를 밀폐 용기에 담고 절임장에 재워 냉장고에 한 달 정도 숙성시킨다.
　　　　4. 3을 체에 걸러 물기를 제거하고 고추장에 버무려 밀폐 용기에 담고 한 달 정도 숙성시킨 뒤 먹는다.

팁tip_　북어를 절임장에 담가 두면 북어가 부드럽게 부풀어 맛과 향이 좋아진다. 완성된 고추장장아찌는 쪽쪽 찢어 참기름에 버무려 먹으면 맛있다.

주꾸미젓

봄 주꾸미는 봄을 알리는 해산물 중 으뜸이다. 고단백 저칼로리에 쫄깃한 식감까지 좋아 특히 여성들에게 인기가 있다. 주꾸미는 머리에 가위집을 넣고 내장을 떼어 내는데 제철의 알찬 주꾸미는 알은 떼어 내지 않고 손질한다. 재워 놓은 주꾸미는 붉은색이 돌며 살에서 수분이 빠지는데 염도가 높지 않으므로 실내가 더울 때는 냉장고에서 숙성해야 한다.

재료 | 주꾸미 8~10마리(500g), 굵은 소금 2큰술(30g), 밀가루 약간
무침양념 | 고춧가루 5큰술, 다진 마늘 2큰술, 배즙 2큰술, 유자청 3큰술, 다진 생강 1작은술
　　　　간장·멸치 액젓 약간씩

만들기　1. 주꾸미는 내장을 제거하고 밀가루로 바락바락 씻어 물기를 뺀다.
　　　　2. 1의 주꾸미를 천일염으로 이틀 정도 실온에 재워 익힌다.
　　　　3. 2를 먹기 좋은 크기로 썰어 분량의 무침 양념으로 버무려 먹는다.

팁 tip_　주꾸미를 밀가루에 버무려 씻으면 빨판 사이사이까지 깨끗하게 손질할 수 있다. 홈메이드 주꾸미젓은 염도가 높지 않으므로 소량만 만들어 먹는 것이 좋다. 주꾸미는 타우린이 풍부해 간 기능과 원기를 회복하고 기력을 돕는 데 도움을 준다.

오징어젓

일반적으로 젓갈 중 처음으로 맛보는 젓갈이 오징어젓일 것이다. 매콤달콤 짭잘한 맛에 쫄깃한 식감까지 젓갈 입문으로 오징어젓 만한 것이 없다. 여기서 만든 오징어젓은 저염 젓갈이므로 보관기간이 짧으니 조금씩만 만들어 먹는 것이 좋다.

재료 | 생 오징어 2마리(400g 내외), 마늘 5~6톨, 쪽파 2~3대, 참기름 약간
1차절임물 | 굵은 소금 1큰술, 청주 2큰술
무침양념 | 고춧가루 3큰술, 다진 파 1큰술, 다진 마늘 1큰술, 조청 2큰술, 통깨 2작은술

만들기
1. 오징어는 내장과 껍질을 제거하고 물기를 닦은 뒤 몸통은 곱게 채 썰고 다리는 5센티미터 길이로 썬다.
2. 1을 소금과 청주에 버무려 밀폐 용기에 담아 냉장고에 넣고 4일~일주일 정도 1차절임한다.
3. 쪽파는 3센티미터 길이로 자르고 마늘은 모양을 살려 저며 썬다.
4. 오징어의 물기를 닦고 무침 양념에 버무려 쪽파와 마늘을 섞어 밀폐 용기에 담고 먹을 때마다 참기름에 살짝 버무려 낸다.

팁tip_ 젓갈이나 장아찌에 청주나 소주를 넣으면 저염으로 담가도 빨리 부패되는 것을 방지할 수 있다. 알코올 성분이 발효를 돕고 잡균이 생기는 것을 막아 주기 때문이다. 오징어는 쇠고기보다 양질의 단백질이 풍부하며 곡류나 채소에 부족한 각종 아미노산이 다량 들어 있다. 또 혈관질환 예방과 두뇌 발달에 좋은 불포화지방산이 풍부하며 콜레스테롤 수치를 떨어드리고 피로회복에 좋은 타우린이 들어 있다.

황석어젓

황석어젓은 작은 조기와 비슷하게 생긴 황석어로 담근 젓으로 내장을 제거하지 않아 조기젓과는 다른 풍미가 있다. 중부지방에서는 황석어젓, 전라도에서는 황숭어리젓, 황실이젓이라고도 한다. 잘 삭혀서 살은 으깨고 나머지는 물을 보태어 달여서 김치 양념으로 넣는데 반찬으로 먹을 때는 살을 잘게 썰어 무치거나 물을 약간 부어 찐다.

재료 | 황석어 200마리(2kg), 절임용 굵은 소금 400g
소금물 | 물 10컵, 굵은 소금 1컵

만들기
1. 황석어는 분량의 소금물에 흔들어 씻은 후 채반에 건져 물기를 뺀다.
2. 황석어의 아가미와 입을 벌려 소금을 가득 채워 밀폐 용기에 깔고 소금을 한 켜 뿌린다.
3. 2의 과정으로 여러 켜 반복한 뒤 맨 위에는 황석어가 보이지 않도록 소금을 넉넉히 뿌린다.
4. 무거운 돌로 누르고 뚜껑을 덮어 서늘한 곳에서 3개월 이상 충분히 삭힌다.
5. 맑은 젓국은 그대로 두고 살을 발라서 다지고, 머리와 남은 뼈는 물을 보태어 끓여서 체에 걸러서 젓국을 달여 쓴다.

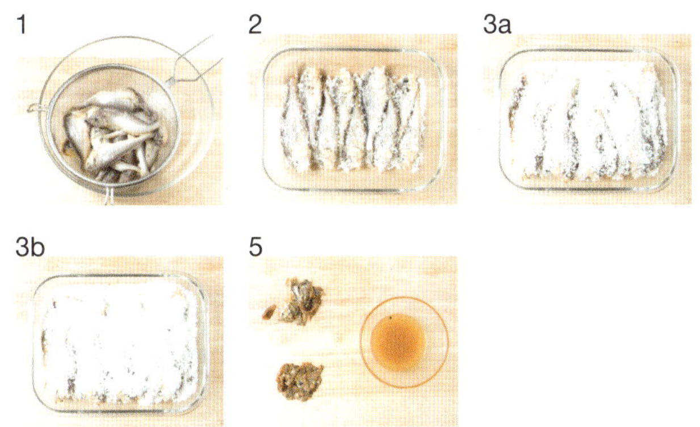

팁tip_ 반찬용으로는 살만 발라 다진 파, 마늘, 풋고추, 식초, 고춧가루, 참기름, 깨소금 등을 넣어 무쳐 먹거나 김이 오른 찜통에 쪄서 먹을 수 있다.

멸치젓

경상도에서는 젓갈 중 멸치젓을 최고라 하여 멸치를 생젓으로 담가 그대로 김치를 담그는데 서울에서는 주로 액젓을 사용한다. 멸치생젓은 부추, 갓, 파김치처럼 매운 김치를 담글 때 사용하고 배추김치나 총각김치에는 액젓을 걸러 사용하는 것이 깔끔하다. 국물은 검은빛을 띠고 살은 붉은색인 젓갈이 좋으며 비린내가 나지 않고 구수한 냄새가 나는 것이 좋다.

재료 | 멸치 120~130마리(1kg), 굵은 소금 200g

만들기
1. 은빛이 선명하고 내장이 부스러지지 않은 싱싱한 멸치를 골라 옅은 소금물에 재빨리 씻은 후 체에 밭쳐 물기를 뺀다.
2. 소독된 용기에 소금을 한 켜 깐 다음 멸치를 한 켜 올린다.
3. 2의 과정을 서너 번 반복한 뒤 맨 위에 소금을 넉넉히 뿌린다.
4. 뚜껑을 밀봉한 뒤 어둡고 서늘한 곳에 보관한 뒤 푹 삭혀서 사용한다.

팁tip_ 멸치젓은 뼈가 녹을 정도로 잘 삭혀서 살은 으깨고 나머지는 물을 보태어 달여서 체에 걸러 액젓으로 사용하거나 그대로 삭혀 생젓으로 사용하기도 한다. 반찬으로 먹을 때는 약간 무른 살을 잘게 썰어 청양고추와 무치거나 물을 약간 부어 찐 뒤 먹기도 한다.

오이지

아삭아삭한 서울식 오이지는 만들기는 쉽지만 꼼꼼한 관리가 필요한 여름철 필수 장아찌이다. 오이지 한 통이면 여름 내내 반찬이며 냉국이 저절로 해결된다.

 백오이 10개, 천일염 2컵, 물 5컵

만들기
1. 오이는 꼭지를 짧게 잘라 내고 굵은 소금으로 문질러 씻어 물기를 제거하고 밀폐 용기에 담는다.
2. 천일염과 물을 팔팔 끓여 1에 부은 뒤 무거운 것으로 누른다.
3. 3~4일 후 소금물만 다시 끓여 식혀 부어 실온에 두어 3일 정도 숙성한다.
4. 3의 과정을 한 번 더 반복한 뒤 냉장 보관하여 먹을 만큼 덜어 내어 짠맛을 우려내고 무침이나 냉국으로 먹는다.

팁 tip_ 오이지는 꼭지가 서로 닿으면 숙성되면서 무르기 때문에 꼭지를 짧게 잘라 주는 것이 좋다. 숙성되는 동안 오이가 소금물 위로 떠오르지 않아야 골마지가 끼지 않는다. 깨끗하게 소독한 무거운 돌로 눌러주거나 누름접시로 눌러주는 것이 좋다.

오이방아향간장장아찌

친정 엄마와 할머니께서 만들어 주신 오이장아찌에서는 독특한 향이 났다. 경상도에
서 많이 먹는 방아라는 풀잎 때문인데 방아는 토종 허브의 일종으로 깻잎과는 다른
향이 난다. 향이 어색하다면 깻잎을 사용해도 좋다.

재료 ┃ 백오이 5개, 방아잎 30장(깻잎 10장), 굵은 소금 3큰술
장아찌물 ┃ 간장 1컵, 물 1/2컵, 식초 1컵, 설탕 1/2컵, 청주 4큰술, 건고추 1개

만들기   1. 오이는 잘 씻어 4~5센티미터 길이로 잘라 4등분하여 씨를 빼내고 소금을 뿌
         려 2시간 정도 재운 뒤 수분을 제거한다.
      2. 분량의 장아찌물을 끓여 체에 걸러 식힌다.
      3. 방아잎은 한 장씩 잘 씻어 수분을 제거하고 실로 꼭지를 돌돌 만다.
      4. 병에 오이와 방아잎을 잘 담고 장아찌물을 붓고 일주일 지나고 다시 장아찌물
         을 끓여 식혀 붓는다.

팁tip_   장아찌를 만들 때 장아찌물을 다시 끓여 붓는 이유는 절이면서 생긴 수분을 증발시키고 보관
성을 좋게 하기 위해서이다. 수분이 많은 식재료를 사용했다면 귀찮더라도 잊지 않고 해야 하는 과
정이다. 방아잎을 실로 묶어 놓으면 국물에 지저분하게 떠다니는 것을 막을 수가 있다.

오이고추장박이

오이는 수분이 많아 장에 박아 둘 수 없을 것 같지만 고추장에 박은 오이고추장박이를 먹어보면 그 꼬들하고 매콤한 맛에 반하게 된다. 여름 오이 한 접은 피클로 오이지로 고추장박이로 변신하느라 금세 동이 나고 만다.

재료 | 백오이 5개, 굵은 소금 1컵, 올리고당 2컵, 고추장 2~3컵

만들기 1. 오이는 잘 씻어 굵은 소금에 굴려 하룻밤 정도 절인다.

2. 1의 오이를 잘 씻어 수분을 제거하고 올리고당에 담가 하룻밤 절인다.

3. 고추장 1컵을 덜어 오이에 고루 버무린다.

4. 3을 밀폐 용기에 담고 고추장을 덮어 중간중간 수분이 생기면 고추장을 갈아주며 한 달 정도 숙성시킨다.

팁 tip_ 절임 채소가 너무 짤 때는 조청이나 물엿, 올리고당에 버무리면 꼬들꼬들해지면서 짠기가 빠지게 된다. 장류 장아찌에서 장을 갈아주는 것은 채소에서 나온 수분 때문에 장이 묽어지기 때문이다. 이때는 장을 덜어 내고 새로운 장으로 덮어 주어야 한다. 오이지에 골마지가 끼려고 할 때 잘 씻어서 올리고당에 버무려 짠맛을 빼고 만들 수도 있다.

토마토양파간장장아찌

요리를 배우러 다니던 시절에는 선생님 댁의 부엌이나 다용도실에 무언가 있으면 궁금해서 잠이 안 올 정도였다. 토마토장아찌도 그중 하나인데 레시피를 도통 공개하지 않아 집에서 학구적으로 만들어 보았다. 토마토가 익으면 시큼해진다는 것을 몰라 처음 한두 번 만든 것은 죄다 버렸지만 비법을 터득한 지금은 맛있게 담가 먹는다.

재료 | 풋토마토 15개(작은 크기 1.5kg), 장아찌용 양파 3개(300g)
장아찌물 | 간장 1/2컵, 국간장 1컵, 물 3컵, 식초 2컵, 설탕 2컵, 굵은 소금 2큰술, 건고추 1개
　　　　생강 1/4쪽

만들기　1. 토마토는 잘 씻어 꼭지를 따고 수분을 닦아 낸다.
　　　　2. 양파는 껍질을 벗기고 잘 씻어 밑동이 잘라지지 않게 4~6등분한다.
　　　　3. 1과 2를 고루 섞어 병에 담는다.
　　　　4. 분량의 장아찌물을 팔팔 끓여 3에 부어 그대로 식힌다.
　　　　5. 일주일 정도 숙성한 뒤 장아찌물만 따라 내어 다시 끓여 식혀 붓기를 2회 정도 반복한다.

팁tip_ 붉은색의 토마토는 껍질이 벗겨지고 과육이 쉽게 무르므로 꼭 풋토마토로 담그는 게 좋다. 풋토마토는 신맛이 강해 설탕과 식초를 동량으로 넣어야 한다.

통마늘간장장아찌

봄부터 초여름 사이의 빠른 손놀림은 열기와 습기로 손가락 하나 까딱하기 싫은 여름에 톡톡히 보은을 한다. 햇마늘로 만든 통마늘장아찌는 부드러운 껍질을 벗기고 마늘을 쏙쏙 빼 먹는 재미도 쏠쏠하다.

재료 | 통마늘 10대 정도(500g)
1차절임물 | 물 2컵, 식초 2컵, 굵은 소금 1/4컵
장아찌물 | 간장 1컵, 설탕 1½컵, 청주 1/2컵, 레몬 슬라이스 1/2개분

만들기 1. 마늘은 마늘대를 2센티미터 정도 남기고 질긴 껍질만 벗겨 병에 차곡차곡 담는다.
2. 1에 1차절임물을 고루 섞어 부은 뒤 일주일 정도 숙성한다.
3. 2의 물을 따라 내어 분량의 장아찌물 재료와 섞어 팔팔 끓여 식힌다.
4. 3을 마늘에 부어 1~2개월 정도 숙성한 뒤 먹는다.

팁 tip_ 햇마늘이라고 해도 마늘이 유통되면서 겉껍질은 질겨지고 수분도 점점 없어진다. 건조한 겉껍질을 벗겨 내고 만들어야 장아찌물이 잘 스며든다.

깐마늘장아찌 · 초마늘고추장버무리

깐마늘장아찌

재료 | 깐마늘 3컵
1차절임물 | 물 1컵, 식초 2컵
장아찌물 | 간장 1/2컵, 설탕 1컵, 굵은 소금 3큰술

만들기
1. 마늘은 잘 씻어 수분을 제거하고 꼭지를 따고 병에 담는다.
2. 1에 1차절임물을 넣고 일주일 정도 숙성하여 매운 맛과 아린 맛을 뺀 뒤 체에 걸러 알과 물을 분리한다.
3. 2의 분리한 물과 나머지 재료를 넣고 장아찌물을 끓여 설탕을 녹인 뒤 완전히 식힌다.
4. 1에 2를 부어 일주일 정도 숙성한 뒤 장아찌물만 따라 끓여 식혀 부어 한 달 정도 숙성시킨다.

초마늘고추장버무리

재료 | 1차 초마늘 2컵, 고추장 1컵, 조청 3큰술

만들기
1. 식초와 물을 부어 숙성한 1차 초마늘을 체에 걸러 물기를 제거한다.
2. 고추장과 조청을 버무려 밀폐 용기에 담고 2~3일 정도 숙성시킨 뒤 먹는다.

팁tip_ 마늘을 1차절임물에 담가 숙성할 때 햇볕이 들면 초록색으로 변하게 되는데 다시 숙성하면 제 색깔로 돌아온다. 고추장박이용이 아닌 초마늘은 깐마늘에 식초와 물을 부어 숙성시킨 1차 초마늘을 걸러 감식초나 현미식초만 부어 다시 숙성시켜 만들면 된다. 마늘에는 여러 가지 효능이 있지만 알리신 성분이 가지는 강력한 살균, 항균작용은 마늘장아찌를 먹게 되는 여름에 꼭 필요한 효능이다. 햇마늘이 나오는 시기를 놓쳤거나 마늘을 구입한 뒤 시간이 조금 경과했다면 깐마늘장아찌나 초마늘고추장버무리를 만들면 된다.

모둠고추양파장아찌

여름 고추는 웬만한 과일보다 비타민C가 풍부해 장아찌나 피클로 담가 두면 여름철 비타민 보충에 좋다. 매콤한 맛이 있어 떨어진 입맛을 보충하는 데도 도움을 준다. 여러 가지 맛의 고추를 양파와 섞어서 모둠으로 장아찌를 담그면 매운맛과 단맛이 고르게 밴다.

재료 | 풋고추 25개, 청양고추 10개, 홍고추 3개, 양파 1개
장아찌물 | 간장 1컵, 물 1컵, 식초 1컵, 설탕 1컵, 굵은 소금 4큰술, 청주 1/2컵, 생강 슬라이스 2쪽

만들기
1. 고추는 잘 씻어 꼭지를 따고 2센티미터 정도 크기로 썬 뒤 고추씨를 털어낸다.
2. 양파는 사방 2센티미터 크기의 네모 모양으로 썰어 고추와 양파를 고루 섞어 밀폐 용기에 담는다.
3. 분량의 장아찌물 재료를 섞어 우르르 끓여 체에 걸러 식힌다.
4. 2에 3을 부어 3일 정도 숙성한 뒤 장아찌물만 따라 내어 다시 끓여 식혀 부어 바로 먹는다.

팁 tip_ 고추를 잘라서 장아찌를 담그기 때문에 고추씨가 둥둥 떠다닐 수 있으므로 고추씨를 털어내는 것이 좋다.

꽈리고추간장장아찌

꽈리고추는 일반 고추와는 달리 장을 먹으면 쓴맛이 돌기 때문에 장아찌를 만들 때 주의해야 한다. 오래 숙성하면 쓴맛이 없어지기는 하지만 식초에 담가 쓴맛을 우린 뒤 사용하는 게 좋다.

재료 | 꽈리고추 3줌(150g), 식초 2컵
장아찌물 | 간장 1½컵, 물 1컵, 설탕 1컵, 건고추 1개

만들기
1. 꽈리고추는 어린 것을 따서 씻은 다음 꼭지를 적당히 자르고 이쑤시개로 구멍을 뚫어 식초를 부어 하룻밤 절인다.
2. 1의 식촛물을 따라 내어 나머지 장아찌물 재료를 넣고 팔팔 끓여 식힌다.
3. 절인 꽈리고추에 2를 부어 일주일 정도 절인 뒤 장아찌물만 따라 끓여 식혀 부은 뒤 일주일 정도 지나고 먹는다.

팁tip_ 꽈리고추를 식초에 부어 절이면 맵고 지린 맛이 빠져나와 장아찌를 맛있게 먹을 수 있다.

매실 된장박이 & 고추장박이

매실을 통으로 담그지 않고 잘라서 담가 청을 물에 타 마시고 나면 과육이 많이 남는다. 이 절임을 고추장이나 된장에 버무려 먹으면 별미이다. 장맛이 스며들 때까지 일주일 정도의 시간이 걸린다.

재료 | 매실절임 1½컵, 된장 1/2컵, 올리고당 2큰술
매실절임 1½컵, 고추장 1/2컵, 올리고당 2큰술

만들기   1. 매실절임에 된장과 올리고당을 고루 버무려 밀폐 용기에 담고 일주일 정도 숙성한 뒤 먹는다.
2. 매실절임에 고추장과 올리고당을 고루 버무려 밀폐 용기에 담고 일주일 정도 숙성한 뒤 먹는다.

팁 tip   청매의 과육을 저며 소금과 설탕을 뿌려 절였다가 만들 수도 있는데 이때는 물기를 꼭 짜고 고추장이나 된장에 2~3개월 정도 박아 숙성시켜야 한다.

우메보시

시고 짜고 맵고 달고 아린 맛이 거의 남아 있는 일본식 장아찌 우메보시는 청매를 구입하고도 바빠서 손질을 못해 황매가 되기 시작할 때 만들면 좋다. 통우메보시를 잘 발라 먹을 수도 있고 잘게 다져 소스나 양념장을 만들 때 넣어서 사용해도 된다. 차조기는 잎 상태, 원액 상태, 분말 상태인 것을 구입할 수 있다.

재료 | 황매실 3kg, 굵은 소금 300g, 차조기잎 600g, 차조기 절일 굵은 소금 80g

만들기
1. 황매는 잘 씻어 꼭지를 제거하고 분량의 소금에 버무려 밀폐 용기에 넣고 2주일 정도 숙성한다.
2. 차조기 잎을 깨끗이 씻어 분량의 소금을 반 정도 넣고 부드럽게 치댄다.
3. 푸른 물이 나오며 차조기가 절여지면 잘 씻어 물기를 꼭 짠 뒤 남은 소금을 넣고 치댄 뒤 물기를 꼭 짠다.
4. 절인 매실을 체에 걸러 백초와 매실을 분리한다.
5. 매실과 차조기를 고루 섞어 병에 담고 백초를 부어 일주일 정도 숙성한다.
6. 붉은색이 든 매실을 낮에는 채반에 널어 말리고 밤에는 홍초에 담그기를 3일 정도 반복하고 3년 정도 숙성시킨 뒤 체에 걸러 먹는다.

1a 1b 2 3
4 5 6

팁tip_ 백초는 매실을 소금에 절이면 나오는 하얀 물인데 일본에서는 식초처럼 쓰기도 한다. 백초에 차조기를 담그면 홍초가 되고 이것 역시 식초처럼 사용한다. 3개월 정도 숙성시킨 뒤 먹을 수도 있지만 몇 년씩 오래 숙성시키면 더욱 맛이 좋다.

청양고추된장박이

청양고추는 캡사이신(Capsaicin) 성분이 다른 고추에 비해 다량 함유되어 매운맛이 강한 만생종 고추로 과육이 단단하고 길이는 풋고추보다 짧다. 매운 향이 강하고 과피가 두꺼워 오래 저장해도 맛이 변하지 않는 장점이 있어 피클이나 장아찌에 자주 사용되고 면이나 찌개 등의 국물 요리를 할 때 칼칼한 맛을 내는 재료로 섞어 사용하기도 한다. 갈거나 굵게 다져 양념장이나 소스의 매운맛을 낼 때 사용한다.

재료 | 청양고추 3줌(300g), 된장 2컵, 조청 1컵

만들기 1. 청양고추는 잘 씻어 꼭지를 짧게 자르고 수분을 제거한다.
　　　　 2. 1의 고추에 된장을 버무려 밀폐 용기에 담는다.
　　　　 3. 2에 조청을 부어 덮은 위 2주일 정도 지나고 먹는다.

팁tip_ 청양고춰에는 비타민이 풍부하고 수분이 많아 여름 피로회복에 효과적이다. 청양고추에 된장이 배어들기 시작할 무렵부터 완전히 숙성되었을 때가 먹기에 가장 좋은데 먹다가 남은 것은 된장째 갈아 칼칼한 찌개용 된장이나 쌈장을 만들 수 있다.

생깻잎된장박이

깻잎된장박이는 삼겹살을 구울 때 곁들이거나 물 말은 밥에 올려 먹으면 게장 못지않은 여름 밥도둑이다.

 | 깻잎 150장(300g), 된장 3컵, 조청 1컵

　1. 깻잎은 한 장씩 잘 씻어 줄기는 1센티미터 정도 길이로 자르고 물기를 제거한다.
　　2. 밀폐 용기에 깻잎을 2~3장씩 겹쳐 넣고 된장을 켜켜이 바른다.
　　3. 남은 된장으로 깻잎을 덮고 조청을 부어 한 달 정도 숙성시킨다.

 깻잎의 물기를 제거하지 않으면 겉물이 생기고 깻잎이 까맣게 변색되므로 한 장씩 꼼꼼하게 물기를 제거해야 한다.

깻잎간장장아찌

여름 깻잎은 물만 줘도 쑥쑥 자란다. 상추와 키 크기 내기라도 하듯이 가지와 잎을 늘려 가는데 가을에 단풍이 물든 깻잎은 질겨서 삭힌 뒤 장아찌를 만들어야 하지만 여름 깻잎은 장아찌물만 부어 두면 손쉽게 만들 수 있다.

재료 | 깻잎 150장(300g)
장아찌물 | 간장 1½컵, 다시마물 1컵, 식초 1½컵, 설탕 1컵, 건고추 1개, 레몬 슬라이스 1/2개분
　　　　　 생강 슬라이스 1/4개분

만들기　1. 깻잎은 잘 씻어 줄기를 3센티미터 정도 길이로 잘라 밀폐 용기에 차곡차곡 담는다.
　　　　　2. 분량의 장아찌물을 팔팔 끓여 한김 식힌 뒤 1에 붓고 그대로 식힌다.
　　　　　3. 뚜껑을 덮고 일주일 정도 숙성한 뒤 장아찌물만 따라 내어 다시 끓여 식혀 부어 준 뒤 바로 먹는다.

팁 tip_ 깻잎은 철분이 시금치의 두 배 이상 함유되어 있고 칼슘 등의 무기질과 비타민A, 비타민C도 풍부한 영양가 높은 채소이다. 혈액을 응고 작용에 도움이 되는 비타민K도 풍부하고 각종 암과 성인병을 예방하는 데 도움을 주는 것으로 알려져 있다. 향긋한 나물이나 장아찌, 깻잎김치 등 밑반찬으로 먹기도 하고 무침이나 탕 등에 향신료로 사용되기도 한다. 특히 육류의 누린내와 생선의 비린내를 없애기 위하여 쌈으로 많이 먹는데 상추와 함께 쌈채소의 대명사로 불리기도 한다.

부추양파간장장아찌

부추는 따뜻한 성질을 가진 몇 안 되는 훈채로 봄부터 여름까지가 제철인데 봄 부추는
인삼과 바꾸지 않을 정도로 기를 돋우는 작용이 좋고 부드럽지만 질긴 여름 부추는 장
아찌나 김치로 담가 먹기 좋다.

재료 | 부추 1줌(100g), 양파 1½개
장아찌물 | 간장 1½컵, 다시마물 1컵, 식초 1½컵, 설탕 1컵, 건고추 1개, 레몬 슬라이스 1/2개분
생강 슬라이스 1/4개분

만들기 1. 부추는 잘 씻어 밀폐 용기에 가지런히 담는다.
2. 양파는 잘 씻어 밑동이 나누어지지 않게 초승달 모양으로 잘라 1의 부추 위에
올려 준다.
3. 분량의 장아찌물을 팔팔 끓여 한김 식힌 뒤 2에 붓고 그대로 식힌다.
4. 뚜껑을 덮고 일정도 숙성한 뒤 장아찌물만 따라 내어 다시 끓여 식혀 부어 준
뒤 바로 먹는다.

팁 tip_ 부추장아찌는 물 말은 찬밥에 반찬으로 먹어도 좋고 고기 구이에 곁들여 먹으면 좋은데 삼겹
살 구이와 먹으면 궁합이 잘 맞는다. 부추에는 비타민A와 비타민C가 풍부하고 칼륨과 엽산, 셀레늄
같은 무기질도 풍부해 항산화, 항암 효과가 뛰어나다.

가지간장장아찌 · 가지벼락장아찌

가지간장장아찌

재료 | 가지 4~5개
소금물 | 물 3컵, 굵은 소금 3큰술
장아찌물 | 간장 1½컵, 물 2컵, 설탕 3/4컵, 마른 고추 1개
　　　　　생강 슬라이스 3쪽, 마늘 슬라이스 2톨분

만들기　1. 가지는 잘 씻어 5센티미터 길이로 잘라 오이소박이처럼 칼집을 넣고 분량의
　　　　　소금물에 담가 2시간 정도 절인다.

2. 1을 잘 씻어 물기를 꼭 짠 뒤 밀폐 용기에 담는다.

3. 분량의 장아찌물을 팔팔 끓여 식혀 둔다.

4. 2에 3을 부어 일주일 정도 숙성한 뒤 다시 장아찌물만 따라 내어 끓여 식혀 부
　　어 한 달 정도 숙성시킨 뒤 먹는다.

가지벼락장아찌

재료 | 가지 3개
무침양념 | 다진 마늘 1큰술, 다진 파 1작은술, 설탕 1큰술, 참기름 1작은술
　　　　　통깨 1작은술, 생강즙 약간
장아찌물 | 간장 3/4컵, 물 1/2컵, 설탕 1/2컵, 청주 1/2컵

만들기　1. 가지는 잘 씻어 어슷하고 도톰하게 썬 뒤 소금물에 살짝 데쳐 채반이나 건조기
　　　　　에 널어 꾸덕하게 하룻밤 정도 말린다.

2. 1의 가지를 분량의 양념에 조물조물 무쳐 밀폐 용기에 담는다.

3. 분량의 장아찌물을 끓여 식혀 2에 부어 하룻밤 정도 숙성시킨 뒤 바로 먹는다.

팁 tip_　애호박이나 가지는 생육 속도가 빠르고 수분도 많아 여름에는 금방 상해 많은 양을 저렴하게
판매한다. 이럴 때 장아찌를 만들어 두면 좋다. 벼락장아찌는 벼락이 치는 것처럼 짧은 시간에 만들
어서 붙인 이름으로 오래 숙성해야 하는 통가지장아찌에 비해 빠른 시간 안에 맛볼 수 있지만 가지
를 말려야 하는 번거로움이 있다.

애호박된장박이

천 원 안팎에 구입할 수 있는 저렴한 애호박을 왜 말리고 절이기까지 할까? 하는 생각은 애호박된장박이를 먹어보면 알게 된다. 꼬들하게 말려 된장에 박아 둔 애호박된장박이로 된장찌개를 끓이면 그 맛에 누구나 매혹되고 만다.

재료 | 애호박 2개, 굵은 소금 2~3큰술, 된장 2~3컵

만들기
1. 애호박은 잘 씻어 길게 반으로 자르고 갈라 소금을 뿌려 절인 뒤 씻어 채반에 넣어 한나절 정도 말린다.
2. 된장 1컵을 덜어 애호박에 고루 버무린다.
3. 밀폐 용기에 2의 애호박을 담고 된장을 덮어 보름 정도 숙성시킨다.

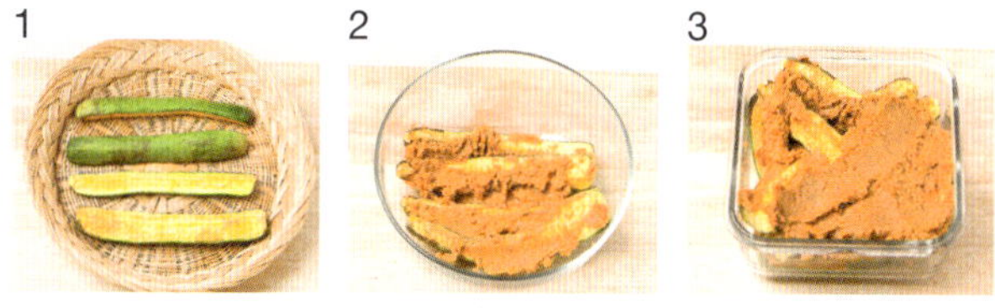

팁tip_ 애호박을 꼬들하게 말렸기 때문에 거의 수분이 생기지 않지만 숙성 과정 중 혹시 물이 생긴다면 된장을 갈아주어야 한다. 된장을 닦아 내고 얇게 썰어 다진 마늘, 참기름, 깨소금, 조청 약간을 넣고 버무려 먹거나 된장찌개를 끓이면 별미다.

참외된장박이

참외는 칼로리가 적고 비타민이 골고루 들어 있는 알칼리 식품으로 수분이 많아 이뇨 작용이 뛰어나고 피로회복에 좋다. 참외장아찌나 피클은 약간 당도가 떨어지거나 노란 빛이 덜하면서 단단한 참외나 풋참외로 만든다.

 참외 5개(중간 크기), 굵은 소금 5큰술, 된장 2컵, 조청 1/2컵

만들기
1. 참외는 잘 씻어 껍질을 대충 벗기고 씨를 긁어낸다.
2. 1의 참외에 소금을 뿌려 반나절 정도 절인다.
3. 2를 잘 씻어 채반에 널어 하루 정도 수들수들하게 말린다.
4. 된장과 조청을 고루 섞은 뒤 3을 넣고 버무려 밀폐 용기에 차곡차곡 담는다.
5. 된장을 갈아가며 한 달 정도 숙성시킨다.

팁 tip_ 원래 참외장아찌는 덜 익은 참외로 담가야 하지만 구하기 어려우므로 과육이 단단하고 맛이 덜 단 노란 참외로 담그는 것도 좋다. 숙성된 참외장아찌는 된장을 씻어내고 송송 썰어 참기름, 조청, 다진 마늘, 깨소금 등에 버무려 먹고 장아찌가 너무 짜면 찬물에 담가 짠맛을 우려낸다.

알타리무·모듬버섯 간장장아찌

여름 끝물에 첫 알타리로 김치를 담그면 쓰고 맵고 아려 낭패를 보지만 알타리무 장아찌는 쓰고 맵고 아린 여름 첫 알타리로 담근 것이 가을 알타리로 담근 것보다 맛있다. 버섯처럼 수분이 많은 재료는 발효식품이라도 호기성세균이 번식하기 쉽기 때문에 충분히 염장되어야 발효의 깊은 맛이 난다.

알타리무간장장아찌

재료 | 알타리무만 1단(2kg 내외), 청양고추 5~6개(100g)
청고추 5~6개(100g), 홍고추 3개(50g)
장아찌물 | 간장 2컵, 식초 2컵, 설탕 1컵, 굵은 소금 2큰술

만들기
1. 알타리무는 무만 잘 씻어 7밀리미터 두께로 동글동글하게 썬다.
2. 고추는 잘 씻어 3센티미터 길이로 썰어 찬물에 헹군 후 체에 밭친다.
3. 분량의 장아찌물을 한소끔 끓여 식힌다.
4. 유리병이나 밀폐 용기에 알타리무와 고추를 담고 장아찌물을 부어 숙성시킨 뒤 3일쯤 지나 장아찌물을 다시 따라 내고 끓여 식혀 붓고 먹기 시작한다.

모둠버섯간장장아찌

재료 | 생표고버섯 10개(200g), 새송이버섯 2개(200g)
느타리버섯 1줌(100g), 소금 약간
장아찌물 | 간장 1/2컵, 물 1½컵, 설탕 1/2컵, 굵은 소금 1큰술, 청주 1/2컵
생강즙 1큰술, 건고추 1개

만들기
1. 생표고버섯, 새송이버섯, 느타리버섯은 기둥 끝을 잘라 내고 먹기 좋은 크기로 썬다.
2. 팔팔 끓는 물에 소금을 약간 넣고 1을 살짝 데쳐 그대로 식혀 채반에 널어 물기를 뺀다.
3. 분량의 장아찌물을 팔팔 끓여 체에 걸러 식힌다.
4. 2를 병에 담고 3을 부어 냉장고에 넣고 일주일 정도 숙성시킨 뒤 먹는다.

팁tip_ 알타리무간장장아찌는 고추를 잘라 담갔기 때문에 뜨거운 장아찌물을 바로 부으면 고추가 설익어 장아찌를 망치게 되므로 장아찌물을 부을 때는 무만 먼저 담고 식으면 고추를 넣어 주어야 한다. 버섯을 데쳐서 효소작용을 억제해야 버섯장아찌가 시큼하게 변질되지 않는다. 장아찌물에 청주를 넣으면 염분을 조금 낮추어도 장아찌가 잘 변하지 않는다.

토란·새송이버섯 고추장박이

토란고추장박이

재료 | 토란 5컵(600g, 13~15개), 쌀뜨물 약간, 고추장 1½컵, 조청 1/3컵

만들기

1. 토란은 껍질을 벗겨 쌀뜨물에 5~8분 정도 삶아 찬물에 헹군다.
2. 1의 토란을 채반에 널어 하루 정도 꾸덕하게 말린다.
3. 2에 고추장을 버무려 밀폐 용기에 담고 조청을 부어 준다.
4. 3~4일 정도 숙성한 뒤 적당한 크기로 잘라 참기름에 조물조물 버무려 먹는다.

새송이버섯고추장박이

재료 | 새송이버섯 8개(800g), 고추장 3컵
1차절임물 | 간장 1컵, 물 1컵, 식초 1/2컵, 설탕 1/2컵, 조청 1/3컵
통마늘 5~6알
무침양념 | 다진 파 1큰술, 다진 마늘 1작은술, 깨소금 1/2큰술
참기름 1/2큰술, 조청 약간(삭힌 새송이 2~3개 분량)

만들기

1. 새송이는 밑동을 잘라 내고 십자로 칼집을 얕게 넣는다.
2. 분량의 1차절임물을 팔팔 끓여 식힌다.
3. 1의 새송이버섯을 밀폐 용기에 담고 2를 부어 한 달 정도 숙성시킨다.
4. 새송이버섯을 체에 밭쳐 절임물을 뺀 뒤 고추장에 버무려 밀폐 용기에 담고 다시 고추장을 덮은 뒤 한 달 정도 숙성시킨다.
5. 맛이 들면 고추장을 훑어내린 뒤 꼭 짜고 결대로 찢어 분량의 양념에 버무려 낸다.

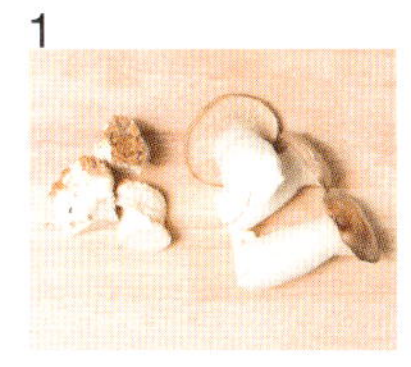

팁 tip_ 토란의 아릿한 맛은 쌀뜨물에 데치면 없앨 수 있고 너무 큰 것은 적당한 크기로 잘라서 데치는 게 좋다. 새송이버섯을 절임물에 담가 수분을 충분히 빼고 고추장에 버무려야 상하지 않는다.

고들빼기장아찌

만들기

1. 고들빼기는 잔뿌리와 시든 잎을 다듬고 솔로 문질러 씻는다.

2. 1의 고들빼기를 분량의 소금물에 담가 3~7일 정도 절인다.

3. 2의 고들빼기를 잘 씻어 물기를 빼고 두 분량으로 나눈다.

4. 한 분량은 장아찌물을 부어 일주일 정도 숙성한 뒤 다시 장아찌물만 따라 식혀 부어 숙성한 뒤 먹는다.

5. 한 분량은 고추장에 버무려 밀폐 용기에 넣고 고추장과 올리고당에 버무려 2~3회 정도 갈아가며 숙성시킨 뒤 먹는다.

팁tip_ 소금물에 삭혀 쓴맛을 없앤 고들빼기는 간장과 고추장 어느 것으로 장아찌를 담가도 맛이 잘 어우러진다.

연근 & 우엉 간장장아찌

사찰에서는 식재료를 구하기 어렵기 때문에 식재료를 오래 저장하기 위해 장아찌 음식이 발달했고 민가와의 교류가 활발하지 않아 그 원형이 대체로 잘 계승되고 있다. 특히 연근은 사찰 음식에 자주 등장하는 재료로 맑은 국간장을 넣어야 연근의 깔끔한 맛이 잘 살아난다.

재료 | 연근 3개(중간 크기 600g), 레몬 1개
장아찌물 | 간장 1/4컵, 국간장 1/4컵, 물 2컵, 설탕 2큰술, 올리고당 3/4컵, 다시마 5×5cm 1장
건고추 2~3개

만들기
1. 연근은 잘 씻어 껍질을 벗기고 7밀리미터 두께로 썰어 찬물에 30분 정도 담가 녹말기를 뺀다.
2. 레몬은 잘 씻어 씨를 빼고 동그란 모양을 살려 슬라이스 한다.
3. 1의 연근을 씻어 건져 레몬 슬라이스와 함께 밀폐 용기에 차곡차곡 담는다.
4. 분량의 장아찌물을 한소끔 끓여 식힌다.
5. 4의 장아찌물을 2에 부어 3일 정도 숙성한 뒤 장아찌물만 따라 부어 다시 끓여 식혀 부어 주기를 2~3회 반복한다.

팁tip_ 우엉도 어슷 썰어 같은 방법으로 만들고 연근과 우엉을 섞어 장아찌를 만들어도 좋다.

감간장장아찌 · 감고추장장아찌

감간장장아찌

재료 | 단단한 단감 5개
장아찌물 | 간장 1컵, 물 1컵, 식초 1컵, 설탕 1/2컵, 양파 1/4개, 마늘 5쪽
생강 1쪽

만들기　1. 단감은 잘 씻어 껍질째 4~6등분하여 씨와 꼭지의 탄닌 부분을 제거한다.

2. 1을 채반에 널어 이틀 정도 수들수들하게 말린다.

3. 분량의 장아찌물을 팔팔 끓여 식힌다.

4. 밀폐 용기에 2를 담고 3의 장아찌물을 부어 일주일 정도 숙성한 뒤 다시 장아
찌물만 따라 부어 팔팔 끓여 식혀 부어 숙성한 뒤 먹는다.

감고추장장아찌

재료 | 단단한 단감 10개, 고추장 3컵, 올리고당 1컵
소금물 | 물 5컵, 굵은 소금 1/4컵

만들기　1. 단감은 잘 씻어 껍질째 4~6등분하여 씨와 꼭지의 탄닌 부분을 제거한다.

2. 1을 분량의 소금물에 이틀 정도 절인다.

3. 2를 잘 씻어 채반에 널어 물기를 완전히 제거하고 꾸덕하게 말린다.

4. 3의 감을 고추장과 올리고당에 버무려 밀폐 용기에 담고 겉물이 돌면 고추장
을 3~4회 갈아가며 보관한다.

팁tip_ 감간장장아찌는 서양요리에 곁들여도 손색이 없다. 떫은감은 소금물에 삭혀 떫은맛을 없애
야 하는데 단감은 그런 과정을 거치지 않아도 된다. 단감은 쉽게 무르므로 단단한 것으로 고른다.

삭힌고추

동치미에 삭힌고추를 넣지 않으면 톡 쏘는 은은한 매운맛이 없어 국물 맛이 조금 밍숭밍숭해진다. 찬바람 맞아 단단해진 끝물 고추를 삭혀두면 동치미에 넣어 먹거나 무쳐 먹거나 송송 썰어 만두나 부침개 양념 간장을 만들 때 요긴하게 사용할 수 있다.

재료 : 끝물 고추 3줌(500g), 물 5컵, 굵은 소금 1컵

만들기 1. 고추는 잘 씻어 물기를 제거하고 밀폐 용기에 담는다.
2. 물과 소금을 잘 섞어 녹인 뒤 1에 부어 무거운 것으로 뜨지 않게 눌러 놓는다.
3. 누렇게 뜰 때까지 잘 보관했다가 무쳐 먹거나 내년 동치미에 넣어 먹는다.

무침양념(삭힌고추 10개분)
간장 1큰술, 국간장 1/2큰술, 다시마물 2큰술, 설탕 1작은술, 다진 마늘 1작은술
송송 썬 쪽파 1작은술, 다진 홍고추 1작은술, 통깨 1작은술, 고춧가루 2작은술, 참기름 2작은술

만들기 1. 삭힌고추의 짠맛을 빼고 물기를 제거한 뒤 꼭지를 2센티미터 정도 남기고 잘라 분량의 양념을 부어 살살 버무려 먹는다.

배추무오가리장아찌

대부분 배추로는 장아찌를 담근다는 생각을 하지 못하지만 김장철에 단맛이 오른 배추를 소금에 절여 담그면 맛이 참 좋다.

만들기

1. 배추는 시든 잎을 잘라 내고 반으로 갈라 분량의 소금물에 하룻밤 절인다.
2. 1의 배추를 흐르는 물에 3~4회 잘 씻어 물기를 뺀다.
3. 무오가리는 흐르는 물에 잘 씻은 뒤 그대로 두어 부드럽게 불린다.
4. 분량의 장아찌물을 팔팔 끓여 완전히 식힌다.
5. 배추와 무오가리를 밀폐 용기에 담고 4를 부어 일주일 정도 숙성한 뒤 물만 따라 내어 다시 끓여 식혀 부어 일주일 정도 숙성한 뒤 먹는다.

팁 tip_ 배추를 충분히 절여야 겉물이 돌지 않아 장아찌가 상하지 않는다. 무오가리는 숙성되면서 장아찌물을 먹어 불어나게 되므로 굳이 물에 담가 불리지 않아도 된다.

꽃게간장장아찌

달걀노른자와 참기름을 넣고 게 뚜껑에 밥을 비비면 밥도둑이 따로 없다. 봄에는 암게, 가을에는 수게로 만들면 살이 꽉 찬 게장을 만들 수 있다.

재료 | 꽃게 7~8마리(중간 크기 2kg)
간장물 | 간장 3컵, 물 4컵, 멸치액젓 1/2컵, 건고추 1개, 청양고추 2개, 생강 1쪽, 마늘 5톨
양파 1/2개, 감초 2~3조각

만들기　1. 꽃게는 솔로 깨끗하게 문질러 씻는다.

2. 손질한 꽃게의 다리 끝을 가위로 조금씩 잘라 놓는다.

3. 분량의 간장물을 팔팔 끓여 식혀 둔다.

4. 손질한 꽃게를 밀폐 용기에 담고 3의 간장물을 부어 이틀 정도 숙성한다.

5. 이틀 후 간장물만 따라 부어 다시 끓여 식혀 부어 4일~일주일 정도 숙성한 뒤 먹는다.

팁 tip　게를 냉동실에 잠깐 넣어 두면 살짝 기절하는데 이때 잘 씻어서 손질하면 게가 다리를 잘라 내지 않는다. 또 게장에는 설탕보다 감초를 넣고 끓이면 단맛도 돌고 비린맛도 없어진다. 오래 보관할 때는 게와 간장물을 분리해 냉동고에 넣어 두었다가 먹을 때마다 부어 먹는 것이 좋다.

전복장아찌

전라도에 가면 온갖 장아찌 호사를 누릴 수 있는데 전복장아찌도 그중 하나다. 작은 크기의 전복을 골라 솔로 문질러 씻어 장아찌를 담가 두면 장조림과는 또 다른 쫄깃함에 반하게 된다.

재료 | 전복 10~12개(작은 크기 500g)
간장물 | 간장 3/4컵, 물 1컵, 매실청 1/2컵, 청주 2큰술, 청양고추 1개, 양파 1/2개, 홍고추 1개
　　　　마늘 3쪽, 생강 1/2톨

만들기　1. 전복은 작은 것으로 골라 솔로 깨끗하게 문질러 씻고 살에 격자무늬를 낸다.
　　　　2. 1의 전복을 껍질이 바닥으로 가게 놓고 김이 오른 찜통에 10분 정도 찐다.
　　　　3. 2의 전복을 밀폐 용기에 차곡차곡 담는다.
　　　　4. 분량의 간장물을 팔팔 끓여 3에 부은 뒤 이틀 정도 숙성시켜 먹는다.

팁tip_　오래 보관할 것은 간장게장처럼 간장물과 전복을 분리하여 냉동 보관하는 것이 좋다.

새우장아찌

선선한 가을바람이 불면 사람들은 해산물에 열광을 한다. 때마침 싱싱한 해산물도 쏟아져 나온다. 봄 대하도 맛있지만 가을 대하도 여름 내내 잘 먹어서인지 살이 탄탄하다. 이름처럼 크기도 큰 대하는 그냥 쪄서 먹고 소금구이용인 중하로 장아찌를 담그면 맛이 좋다.

재료 | 새우(중하) 30~35마리(살아있거나 싱싱한 것 1kg), 깐마늘 1컵(150g)
간장물 | 간장 1/2컵, 다시마물 1컵, 멸치액젓 1/3컵, 청주 1/3컵, 생강 1톨, 건고추 3개, 대파 1대
양파 1개, 레몬 1/2개, 감초 1조각

만들기　1. 새우는 소금물을 살짝 부어 잘 씻어 체에 밭치고 마늘은 꼭지를 딴다.
2. 분량의 간장물을 팔팔 끓여 식힌다.
3. 새우와 마늘을 밀폐 용기에 차곡차곡 놓고 간장물을 부어 숙성시킨다.
4. 다시 간장물을 따라 내고 끓여 붓기를 3~4일 간격으로 2번 정도 반복한 뒤 먹는다.

팁 tip_ 죽은 새우를 숙성시키는 법도 있는데 죽은 새우는 장이 빠져나와 간장물이 탁해진다. 죽은 새우를 쓰더라도 아주 싱싱한 상태여야 하고 간장물을 끓여 식혀 다시 부을 때는 면포에 걸러 내장이 터진 물이 들어가지 않게 해야 한다.

추젓

새우젓은 담그는 시기에 따라 오젓, 육젓, 추젓 등으로 나뉜다. 분홍빛이 돌면서 새우의 형태가 살아있는 육젓이 맛있지만 집에서 직접 젓갈을 만들 때는 선선한 가을에 담그는 추젓이 더 적합하다. 젓갈의 국물이 뽀얗고 노랗게 삭으면 고소하면서도 감칠맛이 난다.

만들기
1. 생새우는 색이 선명하고 통통한 것으로 골라 잡티를 골라내고 소쿠리에 밭쳐 옅은 소금물로 휘휘 저어 가며 씻어 물기를 뺀다.
2. 절임용 소금의 반 정도를 새우에 고루 버무린다.
3. 소독된 용기에 2의 새우를 넣고 남은 소금을 넉넉히 덮어 준다.
4. 뚜껑을 밀봉한 뒤 어둡고 서늘한 곳에 보관하여 푹 삭혀서 사용한다.

팁 tip_ 홈메이드 발효음식을 숙성시키기에는 가을이 가장 좋다. 봄에는 곧 여름이 다가오므로 관리가 힘들고 여름은 발효가 되기보다는 상하기가 쉽다. 가을 발효식은 담가 두면 가을과 겨울, 봄을 지나면서 맛이 깊어지고 여름이 되어도 잘 상하지 않는다.

콜라비피클 & 콜라비간장장아찌

"엄마 그거 있잖아…" 하면 친정 엄마는 "야, 그게 아직도 있나. 이제 그런 거 안 난다. 난다 해도 누가 그걸 캐고 있겠어" 하신다. 그럴 때마다 어린 시절에 먹었던 음식이 생각나 섭섭하고 아쉽기가 이루 말할 수 없다. 하지만 사라지는 것이 있으면 새로 생기는 것도 있는 법, 몇 해 전 겨울부터 심심치 않게 나타나 겨우살이를 재미나게 해 주는 식재료가 바로 콜라비이다. 생김새도 신기하지만 무와 배, 사과를 합쳐 놓은 것 같은 맛도 아주 신선하다. 과육이 단단해 피클이나 장아찌를 담가 두면 피자나 파스타를 먹을 때 아주 요긴하게 사용된다.

재료 | 콜라비 2개(중간 크기 900g), 당근 1/4개(50g), 양파 1/2개(100g)
피클물 | 물 2컵, 식초 2컵, 설탕 1½컵, 굵은 소금 2작은술, 피클링 스파이스 2작은술
장아찌물 | 간장 1컵, 물 1½컵, 식초 1½컵, 설탕 1컵, 건고추 1개, 생강 슬라이스 1쪽

만들기 1. 콜라비는 잘 씻어 껍질을 얄팍하게 벗긴 뒤 5센티미터 길이의 직육면체 모양으로 썬다.

2. 당근은 콜라비 크기로 썰고 양파는 굵게 채 썬다.

3. 1과 2를 고루 섞어 소독된 병에 나누어 꼭꼭 눌러 담는다.

4. 피클물과 장아찌물을 각각 팔팔 끓여 병에 담고 그대로 식혀 뚜껑을 닫는다.

5. 일주일 정도 숙성한 뒤 물만 따라 내어 다시 끓여 식혀 부어 다음 날부터 바로 먹는다.

팁tip 콜라비는 순무와 양배추를 교배시킨 작물로 유럽이 원산지이다. 우리나라에서는 겨울철에 주로 제주도에서 나며 자색과 녹색을 띄는 흰색이 있고 당도가 높고 비타민C가 풍부하다. 지퍼백에 담아 냉장 보관하면 한 달 정도 두고 먹을 수 있으나 바람이 들기 쉬우므로 빨리 먹는 것이 좋다.

콜라비된장박이

겉은 멀쩡한데 속은 바람이 든 콜라비가 아까워서 그 옛날 할머니처럼 썰어서 말려보
았더니 당도가 높아서인지 말라도 맛이 좋았다. 적당히 수분이 있게 말린 뒤 된장이
나 고추장에 박아두면 겨울철 입맛 살리는 장아찌가 된다.

재료 | 콜라비 2개(중간 크기 900g), 된장 2컵, 조청 1/2컵

만들기　1. 콜라비는 잘 씻어 껍질을 대충 벗기고 얄팍하게 썬다.

　　　　2. 1의 콜라비를 채반에 널어 이틀 정도 수들수들하게 말린다.

　　　　3. 2를 볼에 담고 된장과 조청을 넣고 버무려 밀폐 용기에 담고 한 달 정도 숙성시
　　　　　 킨 뒤 먹는다.

팁 tip_ 숙성하는 중에 수분이 생기면 된장을 갈아주며 숙성한다.

물파래·말린파래 간장장아찌

물파래간장장아찌

재료 | 물파래 2컵(250g, 2줌), 무 1/5개(중간 크기 300g), 홍고추 1개
마늘 2톨, 생강 1/2쪽
장아찌물 | 간장 1/2컵, 다시마물 1/2컵, 조청 1/2컵, 청주 1/2컵, 소금 약간

만들기 1. 물파래는 체에 밭쳐 살살 씻어 물기를 꼭 짠다.

2. 무는 5센티미터 길이 5밀리미터 두께의 직육면체 모양으로 채 썬다.

3. 홍고추와 마늘, 생강은 3센티미터 길이로 곱게 채 썬다.

4. 냄비에 분량의 장아찌물 재료를 넣고 팔팔 끓여 한소끔 식힌다.

5. 물파래와 무, 홍고추, 마늘, 생강을 고루 섞어 소독된 병에 담고 4의 양념을 부
어 일주일 정도 익혀 먹는다.

말린파래간장장아찌

재료 | 말린파래 1줌(15g)
장아찌물 | 간장 2큰술, 물 5큰술, 조청 2큰술, 청주 2큰술

만들기 1. 말린파래를 손으로 대충 뜯어 볼에 담는다.

2. 1의 재료를 우르르 끓여 1에 부어 장아찌물이 스며들게 조물조물 버무린다.

3. 소독된 병에 담고 2~3일 지나면 먹을 수 있다.

팁tip_ 물파래장아찌는 오래 두고 먹는 장아찌는 아니다. 말린파래는 무침이나 볶음, 튀김 등으로 먹
을 수 있고 장아찌로 만들어도 오래 먹을 수 있다. 파래를 말릴 때 소금기를 충분히 빼지 않았다면
간장의 양을 줄여서 만든다. 먹을 때는 통깨와 참기름에 조물조물 버무려 먹는 것이 더 맛있다.

생곰피·마른곰피 간장장아찌

생곰피간장장아찌

재료 | 생곰피미역 1줌 반(200g), 굵은 소금 약간
장아찌물 | 간장 3큰술, 다시마물 5큰술, 청주 2큰술, 유자청 1½큰술
소금 약간

만들기
1. 곰피미역은 굵은 소금을 뿌려 바락바락 씻어 흐르는 물에 씻어 체에 밭쳐 수분을 제거한다.
2. 분량의 재료를 고루 섞어 작은 냄비에 넣고 한소끔 끓여 식힌다.
3. 미역이 살짝 건조해지면 2의 장아찌물을 부어 하룻밤 재워 둔다.
4. 장아찌물을 체에 밭친 뒤 다시 끓여 식혀 부은 뒤 바로 먹기 시작한다.

마른곰피간장장아찌

재료 | 마른곰피 1줌(15g)
장아찌물 | 간장 3큰술, 다시마물 5큰술, 조청 2큰술, 청주 2큰술
레몬 슬라이스 2~3조각

만들기
1. 마른곰피를 흐르는 물에 살짝 씻어 부드럽게 불린 뒤 바락바락 씻어 체에 밭친다.
2. 분량의 재료를 작은 소스팬에 담고 장아찌물을 한소끔 끓여 식힌다.
3. 1의 마른곰피를 밀폐 용기에 담고 2를 부어 숙성한다.
4. 일주일 정도 지나고 장아찌물을 따라 내어 끓여 식혀 붓기를 2회 정도 반복한 뒤 먹는다.

팁 tip_ 참기름, 깨소금, 굵게 다진 홍고추를 넣고 버무려 먹으면 맛이 좋다. 간장의 양을 조금 줄이고 고추장을 섞어 주어도 된다.

어리굴젓

겨울을 기다리는 이유 중 하나가 굴 먹는 재미 때문이라면 과장이 심하다고 할 것이다. 향긋하고 짭조름하면서 고소하기도 한 굴은 남자들이 특히 좋아한다. 카사노바나 나폴레옹 같은 정력가들이 애용할 정도로 건강에 관여하는 아연 성분이 풍부한데 굴 젓으로 담가 두면 겨울 굴의 풍미를 조금 더 오래 즐길 수 있다.

재료 │ 강굴 1½컵(300g), 죽염이나 자염 1큰술, 생강 채 1큰술
무 간 것 · 굵은 소금 · 고운 고춧가루 적당량

만들기 1. 굴은 손을 데지 말고 체에 넣고 무 간 것에 버무려 씻은 후 엷은 소금물에 깨끗이 씻어 물기를 제거한다.
2. 밀폐 용기에 굴을 한 켜 넣고 생강 채를 뿌리고 고춧가루로 덮는다(3~4회 반복).
3. 굴을 서늘한 실온에 두어 일주일 정도 삭힌다(부피가 부풀어 오른다).
4. 소독된 젓가락을 넣고 휘휘 저어 냉장고에 보관한다.

팁tip_ 회로 먹는 양식용 대굴보다는 자연산 소굴이나 강굴로 젓을 담가야 오래 먹을 수 있다. 먹을 때마다 배 채와 마늘 채, 무 등을 곁들여 간을 맞추어 먹는다. 아무것도 바르지 않은 김을 구워 밥과 함께 싸 먹는 것도 좋다.

알달래간장장아찌

어린 시절엔 빨간 소쿠리와 이 빠진 과도 하나면 엄마와의 즐거운 봄날 소풍이 시작된다. 강둑이나 논두렁, 산 아래 모퉁이를 돌아다니며 바구니 가득 담아온 봄나물들은 나물무침이며 나물된장찌개 같은 반찬들로 밥상이 풍성해진다. 나물 채취 중 금메달은 단연 알이 통통하고 맵싸한 알달래인데 근래에는 마트에서도 알달래를 쉽게 구입할 수 있다.

재료 | 알달래(은달래) 6컵(300g, 6줌)
장아찌물 | 간장 1/2컵, 식초 1컵, 설탕 3/4컵, 청주 1/2컵, 건고추 1개

만들기
1. 달래는 알뿌리의 흙을 잘 다듬고 줄기는 7~8센티미터 정도 길이로 잘라 잘 씻어 수분을 제거한다.
2. 분량의 장아찌물을 팔팔 끓여 식힌다.
3. 손질한 달래를 밀폐 용기에 담고 2의 장아찌물을 부어 일주일 정도 숙성한다.
4. 장아찌물을 따라 다시 끓여 식혀 부어 일주일 정도 숙성한 뒤 먹기 시작한다.

팁tip_ 알달래가 없다면 끓는 물에 소금을 약간 넣고 줄기 달래를 데쳐 식힌 뒤 서너 가닥씩 돌돌 말아 장아찌물을 부어 숙성시키면 만들 수 있다. 달래는 야생마늘의 한 종류로 알리신과 비타민A, 비타민C가 풍부해 면역력을 증대시키고 혈액순환과 신진대사를 활발히 해 봄철 춘곤증 예방에 도움을 준다.

냉이된장박이

"흰꽃은 냉이, 노란꽃은 꽃다지" 어린 시절에 할머니에게 들었는지 엄마에게 배웠는지 기억나지는 않지만 지금도 냉이꽃을 보면 떠올라 나도 모르게 읊조린다. 초봄에 동네 아줌마들이 다 캐다가 먹은 것 같은데도 4월이면 어김없이 작은 별을 가득 담은 냉이꽃이 피는 것을 보면 냉이 참 대단하다 생각이 들곤 한다. 냉이는 꽃이 피기 시작하면 질겨서 먹을 수가 없으므로 3월 중순 정도까지 먹는 게 좋다.

재료 | 냉이 8줌(400g). 소금 약간, 된장 2컵, 조청 1/2컵

만들기
1. 냉이는 시든 잎과 뿌리를 잘라 내고 흙을 털어가며 잘 씻어 체에 밭쳐 물기를 뺀다.
2. 1의 냉이를 팔팔 끓는 물에 소금을 약간 넣고 데친 뒤 채반에 널어 수들수들하게 말린다.
3. 1의 냉이에 된장을 1컵 버무려 밀폐 용기에 담고 남은 된장과 조청을 붓는다.
4. 2~3개월 정도 숙성한 뒤 참기름과 깨소금에 조물조물 버무려 먹는다.

팁 tip_ 냉이는 잔뿌리에 이물질이 많이 붙어 있어 손질이 까다로운 편인데 누런 잎과 잔털을 떼고 칼로 뿌리껍질을 긁어 맑은 물이 나올 때까지 여러 번 헹구어 체에 밭쳐 물기를 빼고 사용한다. 초봄 냉이는 연해서 생으로 먹어도 좋지만 늦봄의 억센 냉이는 끓는 물에 데쳐 무치거나 국을 끓일 때 넣어 먹는다. 냉이는 단백질과 비타민A, 비타민B, 비타민C가 고루 풍부해 겨울철 부족했던 단백질과 비타민을 보충하기 좋은 식품이다.

씀바귀고추장박이

씀바귀는 '쓸 고(苦), 나물 채(茱)' 자를 써서 고채, '놀 유(遊) 겨울 동(冬)' 자를 써서 유동, 씸배나물, 쓴나물 등으로 불린다. 유동을 제외하고는 쓴맛을 가진 씀바귀의 맛에서 비롯된 이름이다. 봄이 되면 활발해진 신진대사에 체력이 미치지 못하여 춘곤증과 피곤함을 느끼게 되는데 쓴맛이 신진대사를 낮추어 밸런스를 맞추어 주기 때문에 봄에 쓴맛이 강한 씀바귀 같은 나물을 꼭 먹어주는 것이 좋다.

재료 | 씀바귀 8줌(400g), 고추장 2컵, 조청 1/2컵
소금물 | 물 5컵, 굵은 소금 1/2컵

만들기
1. 씀바귀는 찬물에 담가 잘 불려 흙을 씻어 낸 뒤 소금물에 씀바귀를 담고 일주일 정도 삭힌다.
2. 1을 건져 찬물에 2~3시간 담가 짠맛을 빼고 채반에 널어 수들수들하게 말린다.
3. 고추장 1컵을 2에 버무린 뒤 밀폐 용기에 담고 남은 고추장을 덮어 준다.
4. 3의 위에 조청을 얇게 덮어 준 뒤 2~3개월 숙성시켜 먹는다.

팁 tip_ 먹을 때는 고추장 양념을 걷어내고 참기름에 살살 버무려 통깨를 뿌려 먹는다. 소금물에 씀바귀를 삭히면 매운맛과 아린 맛이 빠져 장아찌를 담그기가 좋다. 씀바귀는 이른 봄에 뿌리와 어린 순을 나물로 먹고 성숙한 것은 진정제로 사용하기도 한다. 이른 봄에 먹으면 식욕을 돋우어 봄에 필요한 기운을 보충해 주고 특히 남자들의 기를 왕성하게 해준다.

고추장

따뜻한 지방에서는 조청을 이용해 쉽게 고추장을 만드는데 쉽게 변하지 않는다. 꼭 정월이 아니어도 햇고춧가루가 나오는 가을에 담가 두면 색이 고운 저온 숙성 고추장을 만들 수 있다.

사과고추장

재료 | 고운 고춧가루 10컵(1kg), 메줏가루 7컵(500g), 사과조림 200g
조청 1.5kg(천일염 400g), 생수 10컵(2l)
사과조림 | 사과 3개의 과육(중간 크기 600g), 설탕 200~250g

만들기
1. 사과는 씨와 껍질을 제거하고 푸드프로세서에 곱게 갈아 냄비에 담고 설탕을 넣어 자글자글 조려준다.
2. 냄비에 생수 10컵을 담고 1의 사과 조린 것과 조청을 담고 우르르 끓여 식힌다.
3. 2를 큰 볼에 담고 메줏가루를 넣고 고루 섞는다.
4. 메줏가루가 풀리면 고춧가루를 넣고 고루 섞는다.
5. 굵은 소금을 넣고 간을 맞춘 뒤 용기에 담아 한 달 정도 숙성하여 먹는다.

팁tip_ 항아리에 보관한다면 낮에는 뚜껑을 열고 밤이나 비가 올 때는 뚜껑을 덮고 익혀야 한다. 사과 조림을 만드는 과정이 싫다면 동량의 매실청을 넣어서 만들어도 된다. 사과 조림 대신 배나 단감, 딸기 등도 조려서 사용할 수 있는데 과육의 양을 늘려 엿기름물에 조려서 만들 수도 있다. 고추장용 고춧가루는 입자가 고운 고춧가루를 사용해야 텁텁하지 않다.

정월보리막장

예전에는 설날이 지나면 말날을 선택하여 정월장이나 춘장을 담가 먹었다. 요사이는 기온이 따뜻해져서 정월장도 많이 담가 먹는데 좋은 메주를 구하게 되면 정월장을 담 그고 메주를 구하지 못한 해에는 주로 막장을 담가 먹는다. 막장은 막 담가서 막장이 라고도 하는데 간장을 빼지 않은 메주를 빻아서 만들기 때문에 감칠맛이 있다.

재료 | 막장용 메줏가루 7컵(500g), 보리쌀 2/3컵(100g), 천일염 1~1¼컵(150~200g)
조청 1½컵(300g), 생수 3½컵(700㎖), 멸치가루 3큰술(30g)
고추씨가루 5큰술(30g), 소주 3/5컵(120㎖)

만들기 1. 보리쌀은 잘 씻어 불려 촉촉하게 밥을 지어 준비한다.
2. 생수에 소주를 제외한 모든 재료를 고루 섞어 넣고 잘 저어 준다.
3. 소주를 부어 잘 섞은 뒤 밀폐 용기에 담고 한 달 정도 숙성시킨 뒤 먹는다.

팁 tip_ 된장이나 막장은 처음에는 약간 짠 듯해야 숙성되면서 간이 맞아진다. 소주를 부으면 골마지 가 끼는 것을 막을 수 있다. 지역이나 가풍에 따라 보리죽을 쑤어 짓기도 하고 보리를 엿기름에 삭혀 만들기도 한다. 막장용 메주는 알이 약간 씹히게 갈거나 간 것을 구입하거나 메줏가루에 콩알째 숙 성시킨 알메주를 섞어서 사용하기도 한다.